對本書的讚譽

「在過去幾年間,我很幸運能與 James 共事,也從他身上學到很多,他豐富的知識、經驗,以及對應用的深度觀察,使他在同儕中顯得獨樹一格,我很開心其他讀者也能在此書中獲得來自作者充滿實務的豐富經驗,並以此來製作出更好的 API,透過書中的指導使 API 與客戶產生更大的共鳴,及用更短的時間交付更大的商業價值,以及更少的砍掉重練,在此我相當推薦這本《Web API 設計原則》!」

—*Matthew Reinbold*,*API* 生態總監,*Postman*

「James 是業內在 API 設計方面的傑出專家之一,本書充分反映了這一點,作者從商業目標及數位能力的角度談 API 設計,對任何正在進行數位轉型的企業來說,是不可多得的行動指南。」

—*Matt McLarty*,全球 *API* 戰略負責人,*MuleSoft*,*Salesforce* 旗下事業

「對當代軟體產業而言,API 既是我們給出的解決方案,也是我們的問題來源,有賴 James 帶給我們的對 API 的一系列觀察、分析、設計流程,讓我們的團隊更能專注於解決問題,而不是製造問題。」

—*D.Keith Casey*,資深 *API* 方案專家,*CaseySoftware, LLC*

「按照 James 這份清晰易懂的指南,只花了一個下午,就讓我能現學現賣地運用在案子上,在本書實用的指導、技巧、案例的幫助下,讓我更有信心從事往後的工作,在此我將本書推薦給任何從事 API 工作的人們。」

—*Joyce Stack*,架構師,*Elsevier*

「《Web API 設計原則》揭示的不僅僅是原則，還能學到更多設計 API 的方法與流程。」

—*Arnaud Lauret*，API 匠人

「這本書匯集了作者多年的豐富經驗與觀點，它透過一系列的系統化的流程帶領團隊展開 API 設計工作，團隊可藉此了解該如何進行高效率的團隊合作，該如合鑑別自身的能力與價值，該如何制定 API contract 等課題，James 將他多年的實務經驗提煉再提煉，濃縮再濃縮成為這套有系統的教材，內容涵蓋 API 產品的設計、優化、安全性、事件發送、復原性，以及微服務等各方面的主題，對 API 從業人員來說這是一本必讀的書。」

—*Chris Haddad*，架構長，*Karux LLC*

給我的太太：

有妳的支持與鼓勵才讓一切成為可能。

給我的爺爺 J.W.：

爺爺在八歲時送我一台 Commodore 64 電腦，
因為他相信「電腦會越來越屬害，我的小孫子應該要了解它。」
爺爺因此啟發了我，並使我跟隨他的腳步成為一名作者。

給我的爸爸：

爸爸傳承著來自爺爺的精神，我想念您。

給我的兒子：

他繼承了我們家的傳統，並在 Minecraft 上開啟他的程式之路。

也給我的女兒：

是妳激勵了我讓我能寫出更好的作品。

目錄

Part I 初探 Web API 設計

第九章　異步 API **157**

編輯序

Signature 系列叢書注重的是有機式的成長與發展，在說明這句話的具體涵義之前，讓我先說個小故事，讓您知道我與作者是如何透過一個有機反應激發出彼此合作的機會。

如果您曾經待過夏天的沙漠，您就會知道那裡的溫度會讓身體非常不舒服，亞利桑那州索諾蘭沙漠就是這樣的一個地方，夏天的氣溫高達 49°C，鄰近的鳳凰城天港國際機場在氣溫達到 47.8°C 時就會關閉，如果想擺脫酷熱的沙漠，最好的方法就是遠離它，所以在 2019 年七月上旬，我們決定回到以前住過的科羅拉多州波德市，剛好又得知作者 James Higginbotham 也搬到科羅拉多州的科羅拉多泉，讓我們有機會在附近的科羅拉多市見上幾天（在美國西部，160 公里叫「附近」），講到這邊，容我先把主題拉回 Signature 系列上，待會再回頭說我們的故事。

Signature 系列的目標是引導讀者從實際的案例中，獲得軟體開發思維的成長，這系列叢書包括了許多領域——反應性、物件、函數式編程與架構、領域模型、服務規模、設計模式、API 等，內容除實際案例外，也涵蓋底層技術的實際運用。

看完上面的介紹，讓我們深入的談談「有機發展」。

最近有朋友和同事用「有機」來描述軟體架構，拿有機來描述軟體開發早有耳聞，但我從未深入思考這個字的真正涵義，直到我意識到這個詞彙「有機架構」。

仔細想想「有機」（organic），再想想「有機體」（organism）的涵義，它們多半是拿來描述活生生的東西，但有時對於無生命，但具有某些類似生命特徵的東西，我們也會用這兩個詞來形容，「*organic*」源自希臘文，原始涵義是指身體的功能性器官（organ），如果再去查 organ 的詞源，它的涵義範圍就更廣了，可以指身體器官（body organs）、實現（to implement）、製造物品的工具（a tool for making or doing），還可以是一種樂器（a musical instrument）（風琴）。

我們可以很直覺地舉出各種有機物體（organic object），即活的有機體（organism），從大型動物到顯微鏡中的單細胞生物，然而若是廣義解釋的有機體，就沒那麼直覺了，其中一種就是我們稱之為「組織」（organization）的社會結構，*organization* 和 *organic* 與 *organism* 具有相同的前綴，這種有機體的結構有著雙向依賴關係，組織之所以被視為有機體，因為其內部有著多個小的組織結構，我們稱為部門，組織因為部門而存在，部門也因為組織而存在，如此這般的雙向依賴。

延續上面的觀點，有更多類似的東西，它們沒有生命，但又可以視為有機體，例如原子，每顆原子都自成系統，也是組成所有生命的最小基礎，雖然原子是無機的，也不會繁殖，但仍然可以將原子視為「活的」，因為它們持續的以某種方式作動著，也具有某些機能。當原子與原子產生鍵結，原子便不再只是一個獨立的系統，而是成為一個個的子系統，而子系統與子系統持續疊加上去，最終成為一個巨大的系統。

再進一步的說，原本沒有生命的軟體，換個角度看，也能感受到它活生生的那一面。當我們在談架構、畫流程、寫測試時，軟體彷彿活了起來，因為它不再像顆千古不變的石頭，我們總是在想著如何讓它變的更好，這使它發生了進化，隨著不斷的迭代，更多的附加價值被產生出來，就像滾雪球那樣，又回頭帶動軟體自身的有機式增長，我們用抽象化理解複雜的概念，隨著白板上圖表的演變，軟體的型態也隨之改變，這些都是為了做出更好的作品，回饋給全世界。

遺憾的是，軟體這種有機體往往是越長越歪而不是越長越好，即使一開始是健全的，它們也容易生病、扭曲、長出多餘的附肢、萎縮和惡化，遺憾的是，這些症狀就是來自想要讓它變得更好的我們，更糟的是，這些長歪的軟體依然會苟延殘喘的攀附在我們的系統上而死不掉（還不能物理超渡），想要幹掉它們，需要一位勇者加上他的膽識和鐵石心腸，或許一位還不夠，我們需要的是更多的勇者，而且他們還得是程式專家。

而這些就是本系列登場的原因，我在本系列叢書中策劃了一系列主題，反應性、物件、函數式編程與架構、領域模型、服務規模、設計模式、API 等，為的是引導讀者在軟體開發上獲得思維與技術上的進化，但進化並非一朝一夕的事，進化是有機式的成長，我將與系列作者們盡最大的努力去幫助你們走向進化。

談完本系列的宗旨之後，回頭講我和 James 的故事。時間拉回 2019 年的七月，在相約的那幾天，我們談了很多關於 API、DDD（Domain-Driven Design，領域驅動設計）之類的話題，我認為我們的對話也是相當的「有機」，透過彼此意見的交流、思想的激盪，有無數的火花在大腦被激發，四處濺射，我們都想讓其他人，特別是我們的讀者與客戶，能享受到同樣的快感，在軟體開發的技術與思維上獲得有機式的昇華。

在交流的過程中，James 在 API 方面豐富的知識令我感到印象深刻，我問他有沒有想過寫一本 API 的書，他說他剛自己出了本書，現在還不太想寫第二本，後來時間又過了大約九個月，當時我正在著手規劃這系列 Signature 叢書，便再次詢問他的意願，很開心的，他終於接受了我的邀約，將他的有機式的軟體設計與開發流程 ADDR（Align-Define-Design-Refine，對齊 - 定義 - 設計 - 優化）介紹給大家認識，相信您在閱讀本書時，一定也能感受到我倆當時對談的那種興奮與激動。

— Vaughn Vernon

推薦序

根據最近 IDC 的一份關於 API 的調查報告，七成五的受訪者將 API 視為數位轉型的重點，也有超過一半的人預期 API 的使用量與回應時間將會大幅增長，除此之外，大部分的組織承認他們面臨的挑戰也來自 API，因為當前的 API 難以滿足內部外部雙方面的需求，這些問題都再再指出，企業需要一個一致的、可靠的、可擴展的 API 制定計畫來協助他們通過數位轉型，如同作者 James Higginbotham 所說的：「當今最大的挑戰來自於如何設計出具有一致性、可擴展性的 API，並使開發者得以理解並加以運用。」

出於上面的原因，我很開心看到有這本書的出現，我曾經有幸與 James 一同工作，他有著絕佳的工作態度，我很開心知道他在寫一本關於 Web API 設計的書，在拜讀之後，我很樂意將此書推薦給各位讀者。

過去幾年來，Web API 與相關的設計工作迅速成長，人們也開始關心該如何跟上這種趨勢，API 已經成為一塊廣大的領域，當中包含了許多的面向，商業面上，API 該扮演怎樣的角色；設計面上，API 的需求彙整、文件撰寫該如何進行；技術面上，編程技術的演進對程式撰寫、測試、發布、監控等帶來的變化等等，這些各個面向的課題都使 API 難以掌握，而透過書中的 ADDR（Align-Define-Design-Refine，對齊 - 定義 - 設計 - 優化）流程，以及那些 James 提供的建議與範例，將可以幫助讀者有系統地走入 API 的世界，以因應未來更大的挑戰。

James 的長處之一是他能夠跨越技術面，從社會與商業面的觀點檢視組織的 API，他在銀行、保險、貨運、電腦硬體等客戶的豐富經驗也充分反映在本書中，成為教材的一部分，不同產業、規模大小的組織都可以運用書中提及的技術與流程，這本書集結了詹姆士數年來的精華，不論您是在尋求設計上的建議，或是追求商業與技術上的一致性，抑或是探求 REST、GraphQL 等技術面的實作細節，您都可以在書中找到適合且具體的內容。

書中我認為特別有價值的部分是關於如何在成長中的企業對 API 進行設計與實作上優化的章節，對公司內負責 API 的執行與管理的人士來說，你們的書架上也應該都要供奉一本《Web API 設計原則》。

如前述 IDC 報告所指出的，全球許多公司都面臨數位轉型帶來的挑戰，在如何滿足客戶的需求上，API 扮演著重要的角色，無論您關注的是 API 的設計、建置、部署、維護等的哪個面向，都可從本書找到實用的見解與建議。

我相信在我與各產業合作，協助他們開發 API 時，此書將會是我的知識庫中重要的一部分，希望您也有相同感受，書中點出了我們會遭遇到的各種機會與挑戰，而對此容我借用 James 的一句話作為回應：「這只是開始」。

—*Mike Amundsen*，*API 策劃師*

前言

已經很難認定這本書真正的起源，或許是十年前開始的——它是在經歷數千小時的訓練、數萬公里的旅程，以及數以萬計的文字與程式碼之後所累積的心血，它包含來自全球各地不同企業、組織對 API 設計的經歷與理解，這些組織有的才踏出第一步，有的已經走上 API 之路，我有幸見識過這些企業在 API 設計方面的見解與洞察，並將他們的智慧結晶彙整於此。

而也或許來自更早的二十五年前左右——當我初次進入軟體業時，來自書籍與文章給予的知識，以及在軟體架構方面前輩對我的影響，這些都奠定了我在實現軟體架構時的思維模式。

又或許是來自更久遠的四十年前左右——當時爺爺送了我一台 Commodore 64 電腦，愛好知識的爺爺白天是土木工程師與成本工程師，下班後還到夜校求學，他喜愛閱讀並吸收一切知識，當他在看到電腦運作時說的那句「真是太神了！」總是令人感到莞爾，也是他送了我這台神奇的電腦，他曾說：「電腦會越來越厲害，我的小孫子應該要了解它。」而這也開啟了我一生對軟體開發的熱愛。

實際上，真正的起源來自於七十多年以前——當時與我們年紀相仿的時代先驅們，建立了許多軟體建構的基本原則，這些原則直到今日依然為我們所用，即使技術隨著時代不停更迭，但在技術更迭之下的基石，依靠的是軟體產業無數人士辛勤工作之後的成果，有他們的昔日成果才有今日我們開闢前往未來的道路。

我要說的是，如果少了前人的耕耘，就不會有今日 API 的存在，我們必須先了解行業的歷史，才能更深刻的理解今日所做之事背後的「如何」與「為何」，然後設法在往後運用那些前人的智慧，同時我們需要找到方法去激勵其他人也這麼做，這是我祖父和父親教給我的一課，而我也透過此書傳達同樣的理念，這本書反映了我迄今在生涯旅程中的所知所學，我希望您透過此書的內容能獲得一些新的見解，並以此為基礎，再向下一個世代傳播這些知識與理念。

誰適合閱讀本書

簡單的說，不論您是否從事程式開發，只要與 API 設計有關，都應該閱讀本書。產品經理能藉由本書深入了解團隊在設計 API 時所需的要素；軟體架構師與開發者將學習到相關的軟體架構，並依此原理來設計 API；技術寫作者將會知道，他們不僅能寫出清晰明瞭的 API 文件，更可以在 API 設計過程中提供更多有意義的價值。

關於本書

本書概述了設計 API 的一系列原則和過程，書中的「ADDR」（Align-Define-Design-Refine，對齊 - 定義 - 設計 - 優化）流程旨在幫助個人和跨職能團隊應對 API 設計的複雜性，此流程鼓勵以「從外向內」（outside-in）的視角來進行 API 設計，其中的概念包括聆聽客戶聲音、工作目標與流程映射（process mapping）等，儘管《Web API 設計原則》是用一個從零開始的全新 API 做為示例，但本書也適用於既有 API 的設計。

這本書涵蓋了 API 設計中，從需求探訪到最終交付的各個面向，也包括撰寫 API 設計文件的指南，以利您與團隊及 API 用戶間進行更有效的溝通，最後，本書也涉及了一些在 API 交付時可能會對 API 設計產生影響的議題。

本書分為五大篇：

- **Part I：初探 Web API 設計**——概述 API 的重要性，並介紹本書中使用的 API 設計流程。
- **Part II：尋求一致性**——確保 API 設計團隊與參與者及所有客戶具有一致性的目標。
- **Part III：定義 API**——釐清為滿足 API 作業及目標所必要的相關需求，並產出 API Profile。
- **Part IV：設計 API**——將 API Profile 依專案需求，以不同的 API 風格實現，包括 REST、gRPC、GraphQL，以及 event-based async API（事件式的異步 API）等。

- **Part V：優化 API 設計**——根據來自文檔、測試的反饋持續改善 API 設計，以及一個獨立的章節，談論將 API 解構成微服務，最後，本書結尾將會討論到，將此設計流程更廣泛的運用在大型組織內的議題。

對於那些需要復習 HTTP（Web 底層的通訊協議）的人，我們在附錄提供了很棒的入門篇章，幫助您走入 HTTP 的世界。

本書並不是…

除了一些用於表達 API 細節的結構化文件，本書沒有其他的程式碼，因此就算不是軟體開發人員，也還是可以運用本書介紹的流程與技術，因為那些流程或技術並不涉及特定的程式語言或特定的設計與開發方法。

完整的 API 設計與交付是範圍龐大的議題，雖然本書是以 API 設計為題，但不可能完整涵蓋這個龐大議題全部的情節與細節，本書聚焦的是如何解決團隊在設計 API 時的挑戰，特別是從單一想法發展成完整的商業需求，進而成為具體的 API 設計等這一連串的過程中要面臨到的各種挑戰。

讓我們開始吧！

致謝

首先，我要感謝多年來以各種方式支持我的妻子和孩子，你們的祈禱和鼓勵對我來說意義非凡。

特別感謝 Jeff Schneider，是他在 Java 尚未進入企業領域的 1996 年，就建議我們寫出第一本談 Java 企業應用的書籍，有您的遠見及指導，我才能走在這條精彩的職涯道路上，而您的友誼也一路伴隨著我。

感謝 Keith Casey 邀請我成為另一本書的共同作者，並在各地舉辦 API 工作坊，如果沒有您的友誼、鼓勵與建言，此書將難以誕生。

感謝 Vaughn Vernon，他幾年前發給我一條訊息，探詢合作的機會，那次的邀約成為本書誕生的契機，感謝您邀請我踏上這段旅程。

感謝 Mike Williams 鼓勵我不顧一切的實現我的夢想，你一直是個鼓舞人心的好朋友。

特別感謝為了本書的出版，而在有限的時間內為我審稿的眾多審稿人：Mike Amundsen、Brian Conway、Adam DuVander、Michael Hibay、Arnaud Lauret、Emmanuel Paraskakis、Matthew Reinbold、Joyce Stack、Vaughn Vernon，以及 Olaf Zimmermann。

感謝所有 API 界的大神和技術傳教士給予的意見與建言，下面是我有幸結識的一部分人士：Tony Blank、Mark Boyd、Lorinda Brandon、Chris Busse、Bill Doerfeld、Marsh Gardiner、Dave Goldberg、Jason Harmon、Kirsten Hunter、Kin Lane、Matt McLarty、Mehdi Medjaoui、Fran Mendez、Ronnie Mitra、Darrel Miller、John Musser、Mandy Whaley、Jeremy Whitlock、Rob Zazueta、以及那些在 Slack 上協助過我的朋友們，感謝你們的支持。

感謝所有在 Pearson 協助過我的夥伴們，Haze Humbert，感謝你協助我處理大大小小的事務，也要感謝全體的編輯團隊：感謝你們一路辛勤的付出。

最後要感謝我的母親，她在我還沒有駕照前，花了無數個小時載我到圖書館，只為了能讓我讀到電腦程式方面的書籍。

關於作者

James Higginbotham 是軟體開發者與架構師,他在 API / app 的開發與部署方面有超過 25 年的資歷,他也輔導企業進行數位轉型,從產品面思考,確保商業面與技術面的一致性,進而提供用戶出色的使用體驗,他與團隊及組織合作,幫助他們將商業、產品、技術整合成模組化的架構,使企業成為可承載多元模組的戰略平台;他也舉辦工作坊,幫助跨職能團隊了解如何活用 ADDR 流程與 API 設計優先方法(API design-first)。James 在各產業都有豐富的經驗,包括銀行、保險、服務、旅遊、航空等,透過他的協助,許多客戶都得以在業務上展翅高飛——特別是航空業。您可以在網站 https://launchany.com 與 Twitter @launchany 追蹤他的最新動向。

Part I

初探 Web API 設計

API 幾乎意味著永存，一旦某個 API 被廣泛的使用，就難以對它再做大幅修改，否則可能導致應用停擺，而如果 API 設計的又草率，那意味著永無止境的混亂，客服問題接踵而來，團隊陷入泥淖，難以脫身，為了避免草率行事後的悔不當初，在產品規劃之時，就應該更重視 API 設計這一環節。

在第一篇，我們檢視軟體設計上的一些基本要素，並討論這些基本要素在 API 設計上產生的正反面影響，然後概略性的介紹 API 設計流程以及所謂的 API 優先設計流程（API first design process），在此流程中，我們會用從外向內（outside-in）的視角來看 API 設計，並以此為據，來設計出高成效的 API，以滿足用戶、合作夥伴、員工的多方需求。

第一章

API 設計原則

> 所有架構都來自設計，但並非所有設計都能成為架構，架構來自一系列重要的
> 設計決策，這些決策塑造了一個系統的形式及功能。
>
> —Grady Booch

企業組織在發展 API 上，已有數十年的歷史，最原始的形式是那些販售的共用程式
庫或元件，它們最終在架構上逐漸走向標準化，例如用於物件的 CORBA（通用物件
請求代理架構）標準，以及用於服務的 SOAP（簡單物件存取協定）標準，這些標
準為程式的互通定義了規範，但並未定義設計面上的規範，因此每次的 API 串接工
作往往得耗時數個月方可完成。

在網路時代來臨後，Web API 成為主流，早期只有少量的 API 應用，團隊也有充足
的時間來細細思量 API 的設計，然而今非昔比，現在的 API 生態呈爆發式成長，在
市場的驅動下，企業組織也必須以更快的速度交付 API，API 不再只是幾個內部系
統間的小遊戲。

時至今日，用於連接彼此的 Web API 已經有了許多產業標準得以遵循，還有數以百
計的套件和框架，讓我們得以用更簡單、更快、更省錢的方式建置出 API，更有 CI/
CD 工具讓我們輕鬆地完成自動化作業，這些新玩具都讓我們能用更快也更有效率
的方式交付我們的 API。

然而，當今面臨的挑戰是該如何設計出易於理解、使用，又有一致性與可擴展性的
API，面對這樣的挑戰，首先得認知到，Web API 不只是程式的玩意兒，如同好的藝
術作品來自光線與色彩的完美調和，好的 API 設計也是來自商業能力、產品思維、
開發體驗的完美平衡。

Web API 設計要素

企業提供的 API 反映了市場上該企業對外傳達的價值，開發者會從 API 設計品質的視角來檢視它，API 某些特性的存在與否，也反映了該企業對該特性的重視與否，一個高成效的 API 設計應該要考量到下面三個重要的元素：商業能力、產品思維、開發體驗。

商業能力

所謂的商業能力，指的是企業組織為維持市場競爭力與獲利所具備之能力，商業能力可以是組織面向外部的能力，例如獨特的產品設計能力、出色的客戶服務能力、產品交付能力等，商業能力也可以是組織面向內部的能力，例如銷售渠道管理能力、信用風險評估能力等。

組織可藉由三種模式對外傳達自身的商業能力：由組織自身傳達、由外包廠商傳達、或者兩者之混合。

以販售自家口味的咖啡館為例，咖啡豆來自豆商，烘焙在自家，而門市銷售的 POS 系統又是來自某個外部廠商，像這樣把部分事務外包，咖啡館就可專注在自身的核心商業能力，並且透過這樣的方式在市場上做出差異化。

我們將 API 視為數位化後的商業能力，當我們在設計 API 時，應該先理解 API 背後所代表的商業能力為何，並且該 API 的特性也應該反映出同樣的商業能力。

產品思維

在 Web API 尚不成熟的時代，企業與外部夥伴或用戶早已有所謂的資訊整合，但當時都是以客製化的方式進行的，而客製化也是當時面臨到的最大挑戰，每每有新的專案，都要派出一組專門的團隊負責該專案的客製化，而一次又一次的客製化之後，儘管付出了巨大的人力成本，獲得的成果卻難以為全體所共享，造成巨大的浪費。

而自從 SaaS 商業模式興起後，Web API 的需求也隨之增長，整合模式也從過往的單一用戶客製化模式，轉變為產品化思維導向模式。

在轉向產品思維導向之後，事務的焦點也就從單一用戶客製化轉移到 API 設計本身，優良的 API 設計減少了過往為每位用戶客製化的人力支出，並且還能為我們帶來新的用戶，自家員工、企業用戶都可以透過 API 轉向自助式的工作模式，自行實現所需要的資訊整合。

將 API 視為產品意味著更少的客製化，以及更多的投注在迎合市場需求上，一支 API 將會為多位客戶所用，應該在 API 設計階段就盡早納入用戶端的意見，才能更貼近市場需求，也才有機會迎來更多的潛在用戶。

開發體驗

用戶體驗（user experience）涉及的是在用戶與企業、用戶與產品、用戶與服務間的互動中，如何滿足客戶使用感受的課題，而開發體驗（developer experience）就像是 API 領域的用戶體驗，開發體驗重視的是開發者與 API 互動時的感受，它不只是那些 API 的技術細節，而是一個 API 產品的各個面向，從第一印象、實際使用的感受，延伸到技術支援這些層面上帶給開發者的體驗。

要成就一個好的 API，優秀的開發體驗是不可或缺的，優秀的開發體驗讓開發者能簡單快速上手，甚至能讓開發者主動對外推廣我們的 API，為我們在市場上吸引更多的用戶，也唯有優秀的開發體驗，開發者才能用更少的精力、更短的時間將他們的業務賦予更大的商業價值。

當設計團隊在思考如何展現出優秀的開發體驗時，別忘了開發體驗對內部開發者來說也是同樣重要，以文件為例，好的文件讓開發者能輕鬆上手，而差的文件讓開發者得先找到對的人，才能問到正確的使用方法，即便內部開發者是我們的同事，但這仍然是額外的溝通成本，優秀文件的價值在於它對內外部開發者都是有益的，他們都能透過文件輕易地為他們的事業增加更多的附加價值。

案例研究
當 API 與產品思維出現在銀行

自 2013 年起，Capital One 開始打造他們的企業 API 平台，起初的目標是為公司內部提供自動化機制，藉此提高效率，並打破組織內的壁壘。

當他們的 API 平台成長到一定規模後，他們的目標從原本的僅供內用放大到外部市場，計畫透過開放 API 建立更多的產品與可能性，於是他們在 SXSW [1] 大會發布了開發者入口網站 DevExchange 以及公開的 API 產品，範圍涵蓋了銀行級的授權認證系統、客戶獎勵計畫、信用卡審核等，甚至有一支 API 可以直接開立儲蓄帳戶。

之後 Capital One 將此概念進一步延伸，利用自身的數位能力發展全通路（omnichannel），以既有的 Web API 為基礎，利用 Amazon 的 Alex 平台搭建了一套語音交談機器人 Eno（就是倒著寫的 *one*），為客戶提供新穎的互動體驗 [2]。

藉由 API 的產品化，以及自身強大的數位能力在 API 上的展現，讓 Capital One 能與用戶及伙伴共同開拓新的商業機會，這些機會不會在一夜之間突然到來，但在 Capital One 全體共同的願景與意志貫徹之下，確實成真了。

API 設計＝溝通與交流

當一位開發者在思考軟體設計時，腦中迸出的會是一堆類別、方法、函式、模組、資料庫等技術概念；而 UML、流程圖、一堆框框和箭頭則用於協助我們理解程式的邏輯，不論是技術概念還是流程圖，我們在使用這些工具的同時實際上也是在進行一場彼此的溝通與交流。

同樣的，API 的設計也是一種溝通，但不只是團隊內成員彼此的溝通，而是更大範圍的對外溝通，這些溝通我們又分成三個面向：

1. **網路面的溝通**：API 的設計過程中必然會涉及到通訊協議的選擇，而通訊協議的選擇對 API 的溝通效率有著顯著的影響，例如 HTTP 較適用於粗粒度的訊息交換，較不適合用於高密度通訊的場景，而像是 MQTT（Message Queuing Telemetry Transport，訊息佇列遙測傳輸）或 AMQP（Advanced Message Queuing Protocol，高階訊息佇列協議）則更適合細粒度的訊息交換，也就是高

1　"Capital One DevExchange at SxSW 2017," March 27, 2017, https://www.youtube.com/watch?v=4Cg9B4yaNVk

2　"Capital One Demo of Alexa Integration at SXSW 2016," September 6, 2016, https://www.youtube.com/watch?v=KgVcVDUSvU4&t=36s

密度通訊場景。通訊協議的決定，影響了 API 的使用場景，我們在決定通訊協議時，應該要把應用場景中網路或設備可能會發生的效率問題也納入考量。

2. **開發者面溝通：**對開發者而言，API 的設計與文件就像是給他們的用戶介面，開發者透過文件才有辦法知道一支 API 的使用方式與時機，文件還能告訴開發者如何混搭不同的 API 操作，來達成更複雜的目的，對於開發者溝通，我們建議在 API 設計流程中盡早納入來自開發者的意見，才能設計出真正符合他們需求的 API。

3. **市場面的溝通：**透過 API 設計與文件，市場上的用戶、夥伴，以及開發人員才有辦法得知 API 具備那些數位能力，以及能幫他們達成什麼樣的目的，一個好的設計有助於 API 對市場面的溝通並促使人們善加利用他們。

如何建立有效的溝通，是從事 API 設計時的重要課題，而 API 設計流程能幫助我們去思考不同角度的溝通需求。

檢視軟體設計原則

所謂的軟體設計，關注的是軟體元件間的組成架構與通訊，而程式碼註解、時序圖（sequence diagram）、設計模式等，則是人們用於彼此溝通的工具，程式的通訊與人際的溝通，他們具有相同的本質。

API 設計的基礎原則來自於軟體設計，差異在於 API 的交流對象更廣，不只侷限在組織內部，也擴及到外部的開發者，因此儘管模組化、封裝、低耦合、高內聚等這些軟體設計的概念也適用於 API 設計，開發者也早已熟悉，但下面我們會一一檢視將它們用於 API 設計時應額外考量的點。

模組化

「模組」是軟體程式中最小的構成單元，模組由一系列的類別、方法、函式所構成，模組可對外提供局部（local）、公開（public）的 API，透過 API 實現某些特定的功能或商業能力，模組有時也被稱為**元件**或**函式庫**。

大部分的程式語言都有提供模組化的特性，他們多半是用套件（package）或命名空間（namespace）來定義模組，當我們將那些彼此相關的程式碼歸納在同一個命名空間之下，這就是所謂的高內聚性（high cohesion），再透過程式語言的存取修飾器（access modifier）將模組內的實作細節隱藏起來。以 Java 為例，它可以用 `public`、`protected`、`package`、`private` 這些關鍵字來設定一個模組的存取範圍，實現模組間的去耦合化（loose coopling）。

當許多的模組整合在一起，即成為一個系統，而子系統則是介於系統與模組間的單位，它也被視為一個整合了幾個相關模組的大模組，參見圖 1.1。

模組與封裝的概念也同樣適用於 Web API，它能幫助我們劃分每個 API 所擔負的功能，一方面確保了每支 API 的角色分明，一方面展現了 API 的數位能力，並且隱藏了內部細節，開發者將能更容易理解 API，並且更快的對其上手。

封裝

封裝用於隱藏元件的內部細節，我們會用範圍修飾器（scope modifier）來限定一個模組可被存取的範圍，把一個有對外 API 的模組將內部細節隱藏起來，就算內部實作被修改，但只要不改變對外的 API 特性，任何依賴此 API 的外部程式就不會受到任何影響，有時我們將封裝稱為資訊隱藏，這是一個來自 1970 年代由 David Parnas 所提出的軟體開發概念。

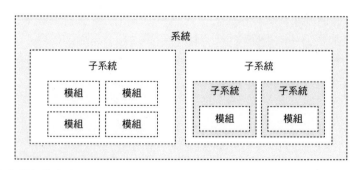

圖 1.1　模組與模組結合成更大的單元，最終成為完整的系統。

封裝的概念在 Web API 被進一步的延伸，不僅是程式碼的實作細節被隱藏，包括 Web 框架、系統內的類別／物件、資料庫的設計等等也都被隱藏，形成更進一步的去耦合化，用戶只需要關心如何與 API 進行通訊，而不用去管 API 內部的那些實作細節，像是付款閘道內部是怎麼運作之類的，藉由封裝的機制，API 用戶可以忽略那些內部細節，把心力投注在他們真正該重視的商業目標上。

高內聚低耦合

內聚性（cohesion）指的是一個模組中的程式碼只與該模組內的其他程式碼有關，不與模組外的程式碼相關，以避免產生出俗稱「義大利麵」式盤根錯節、低內聚性的程式碼。

耦合性（coupling）是我們用來衡量模組間彼此獨立性的詞彙，高耦合的意思是兩個模組內的實作細節彼此高度依賴，反之低耦合指的是兩個元件的內部細節不互相依賴，彼此只透過外部的公開介面或程式語言的 API 溝通。

圖 1.2 展示了模組內高內聚、模組間低耦合的示意圖。

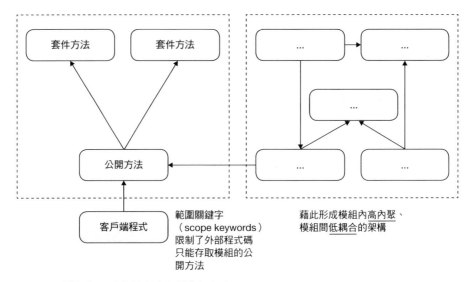

圖 1.2　API 模組化設計的基礎高內聚與低耦合

Web API 延續了這樣的概念，在 API 設計上我們也會將相關性高的 API 操作群集起來，並把 API 與 API 間的內部細節封裝起來，形成高內聚、低耦合的架構。

Resource-Based API 設計

數位世界的文件、圖像,或者實體世界的人員、物件,我們都可統稱為實體,而資源可以用於表示一個實體或是一系列實體的集合,每個資源都會被賦予特有的名稱或識別代號,而有時候資源也指涉商業流程、工作流程等更抽象的概念。

Resource-based API(以資源為基礎的 API)關注的是網路兩端的資源互動行為,與內部的資料庫結構或程式物件無關,resource-based API 為每種資源提供特定的資源行為,以及提供特定的格式,例如 JSON 或 XML,讓外部程式,不論是 Web app 或手機 app 都能與資源進行互動。

資源 ≠ 資料模型

必須意識到的是,資源並不全然等於資料庫中的資料模型,資料庫的資料模型更著重在表達資料庫中的欄位、型別等資料結構上的規劃,以及讀寫效能、報表生產等的效率。

儘管資料也是 API 的一部分,但 API 設計中的資料不應該全盤照抄資料庫的資料規劃,資料庫的資料有它自己的特殊需求,例如讀寫效能、儲存最佳化、查詢效能等,著重的是更底層的效能考量。

如同人們對程式語言及框架的愛好不斷改變一般,人們對資料庫的選擇也不斷在變,一旦把 API 的資料直接取自底層的程式物件或資料庫,那麼一旦內部實作或欄位設計變更,那 API 的資料格式也必然得跟著變更,而這很有可能破壞既有的串接。

在 Web API 設計上,我們追求的是交付正確的結果、好的使用體驗、選擇適當的通訊協定、避免被特定語言綁定等,因為 API 涉及的是跨系統間的資料交換,它應該盡可能地使用固定的資料格式,而底層的資料模型缺不具備這樣的特性,他們很可能會隨著不同的取用需求而不斷增減。

雖然底層數據模型的決定的確可能會影響 API 的資料格式,但 API 在設計之時應盡量避免被特定的資料庫特性綁定。

如果直接在 API 暴露底層資料庫的資料模型會有哪些問題？

程式碼變動問題：一旦資料庫的欄位設計改動，那 API 層的資料格式也必須跟著改動，表示 API 總是得跟著資料庫一起異動，而與 API 串接的那些苦主也得被迫跟著變動，造成牽一髮動全身的問題，儘管可以用一些防損毀層（anticorruption layer）手法讓負責資料的程式碼獨立出來，然而這無法從根本解決問題，一直改來改去只會增加無謂的維護成本。

冗餘的互動問題：直接將資料表對應到 API 層，那麼客端就必須自行向 API 發送多個請求，才能組出它想要的資料，而這樣多次的查詢造成 n + 1 的效率問題，最終拖垮資料庫，對兩方都沒益處。

資料不一致問題：承上，客戶端得發出多次請求才能自己組出想要的資料，而資料庫的多個不同資料表可能因為種種的因素而有著些微的差異，導致客戶端無法組出正確的資料。

回傳值不明確問題：在資料庫我們有時會為了性能而規劃出特別的欄位，例如以某個型別為 CHAR(1) 的欄來表示一筆紀錄的狀態，但這種設計對收到資料的客戶端來說沒有語意，難以理解。

機敏資料外洩問題：直接在 API 暴露資料庫層將導致資料外洩，可能一句 SELECT * FROM [table name] 就讓外人取得全部的資料，包括那些原本不應該公開的資料，例如會員的個資，另外也有可能讓駭客摸進系統內部。

資源 ≠ 物件或領域模型

資源也並不等於程式中的物件，物件一般用於表達商業邏輯中的特定資料結構，或映射來自資料庫的資料結構，然而，將程式中的物件或資料結構直接對外暴露會也會帶來與上面相同的問題：程式碼變動、冗餘的互動，以及資料不一致等，這些都會對 API 的使用性造成負面的影響。

與之類似的，領域模型（domain model）通常由一系列物件所組成，用於表示商業邏輯中某種特定領域的資料模型，他們根據系統設計上的不同而有不同的使用模式，有時可能會在多筆交易中使用相同的領域模型，在 Web API 方面，考慮到 API 的效能，我們並不建議直接對外暴露內部的物件或領域模型，而最好是在不同的交易事務間劃出適當的區隔。

切記，API 用戶無法看到 API 後面的程式與資料模型，也不可能參與過 API 的設計會議，他們不會理解 API 設計過程中的那些如何與為何，因此好的 API 應該在設計上避免暴露這些只有內部人士才知曉的細節，而要著重在 API 對外訊息交換的設計上。

在 Resource-Based API 交換資訊

用戶或外部系統可透過 Resource-based API 與企業建立起對話的機制，例如某個專案管理應用的用戶可對 API 服務發起像圖 1.3 那樣的對話。

API 用擬人式的對話看起來很荒唐？這與我們一般認知的**物件導向**的觀念差距很大？其實物件導向的發明者 Alan Kay 當年在創建這個詞彙時，並不只談及物件的繼承與多型特性，他也說過物件導向程式就好比在元件中傳遞訊息：

> 我很抱歉一直以來都過分強調「物件」的概念，這使得很多人都只關注到整體概念中的一小部分，而其實真正的精神在於「交換資訊」[3]。

如同 Kay 對物件導向所給出的願景，Web API 就是以訊息為基礎的，服務接受外部的請求訊息，並用另一則訊息做出回應，大部分的 Web API 發送請求後，便開始等待回應，如此以同步（synchronously）的模式來做這樣的訊息交換。

API 設計要考量的是系統與系統間的訊息交換機制，這樣的機制必須要能滿足用戶、夥伴、員工的需求，而優秀的 API 設計還要額外考量到為未來的改版留下空間。

3　Alan Kay, "Prototypes vs Classes was: Re: Sun's HotSpot," Squeak Developer's List, October 10, 1998, http://lists.squeakfoundation.org/pipermail/squeak-dev/1998-October/017019.html.

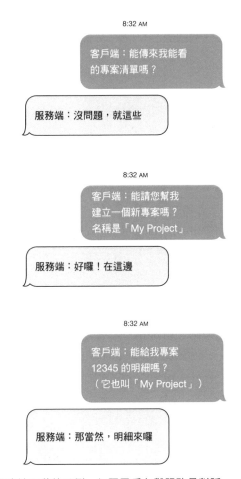

圖 1.3　API 客戶端與服務端互動的示例，如同用戶在與服務員對話。

Web API 設計原則

API 設計必須在功能強大與簡單易用中間取得一定的平衡，而這來自於一些堅實的
基礎，我們將介紹能達成此目標的五個基礎原則，詳述如下：

　　原則一：設計 API 千萬不要孤軍奮戰，要成就霸業必然得靠眾志成城。
　　（見第 2 章）

原則二：API 設計是目標導向的，聚焦在目標並確保 API 對他人是有價值的。（見第 3 至 6 章）

原則三：根據需求決定 API 設計，完美的 API 風格是不存在的，應該根據需求來決定適合的 API 風格，不論是 REST、GraphQL、gRPC，或任何一種新風格、新玩具，都應該先了解需求與風格的特性，再選用最適合的方案。（見第 7 至 12 章）

原則四：API 最重要的 UI 叫文件，它應該被擺在第一順位，而不是拖到開學前一天才開始寫。（見第 13 章）

原則五：API 是永存的，設計時仔細規劃，而後加以迭代改進，才能讓 API 既穩定又保有彈性。（見第 14 章）

總結

成功的 Web API 設計必須考量三個面向：數位能力、產品思維、開發體驗，來自三方面的觀點與需求對 API 設計構築出了一系列複雜的課題，企業組織必然得加以重視，開發者、架構師、外部領域專家、產品經理，不同的成員們必須互相合作，才能設計出符合市場需求的 API。

此外，Web API 設計繼承了那些軟體設計的基本概念，如模組、封裝、低耦合、高內聚等，API 應該要隱藏內部實作細節與資料結構，聚焦於系統間的資料交換機制，才能設計出靈活可變的 API。

該如何將商業需求轉換成 API 設計？如何使 API 為客戶、夥伴、員工所用？這將是下一章的主題，在第 2 章我們會介紹一種能將商業需求與產品需求轉換成 API 設計的方法，請前往第 2 章了解更多細節。

第二章

API 設計與團隊合作

> 過早設計是愚蠢的，但不提早設計是更愚蠢的。

—Dave Thomas

一個乍看不錯的 API 設計，有可能並不是最好的設計，早期建立的某些假設條件，在真實世界可能並不存在，或不符合用戶、夥伴、員工的實際需求。

API contract 設計是整個軟體交付過程中獨立且關鍵的步驟，在 API 設計流程中，我們鼓勵與外部開發者進行溝通，這有助於釐清某些假設條件的真實情況，並且也激勵了彼此在 API 的設計上的合作。

在此章節中，我們會介紹一種 API 設計流程，它適用各種規模的組織，它曾經被用在小至十人的團隊、大至萬人的企業，透過這個流程以及第 1 章「API 設計原則」談到的五個 API 設計原則，我們才得以成功的創造出以用戶為中心，並且具有商業價值的 API。

為什麼需要 API 設計流程？

在開始介紹設計流程之前，必須先認知到，並非一定要有正規的 API 設計流程才能做出 API，全球有許多公司並未遵循這些規則仍做出了他們的 API，但代價是多次的砍掉重練及更冗長的開發週期，相較於此，API 設計流程能讓我們從使用者的觀點看 API，確保 API 是符合用戶需求的，避免上述的悲劇發生。

API 設計過程講求的是有效的產出，將用戶與開發者的需求視為第一考量，並且盡可能不牽涉 API 內部的技術細節，藉以避免實作細節變動而導致 API 設計也被頻繁的更動。

對一個前後端應用來說，最痛苦的恐怕是等待後端 API 完工，一旦後端 API 遲不完工，交期將被無限的延長，也無法進行串接，串接或設計上的問題將難以察覺，更不用談取得用戶反饋了。圖 2.1 為我們展示了這種狀況，並顯示出這種情況對交期帶來的衝擊。

在 API 設計流程中，我們鼓勵團隊合作與迭代發布，在設計階段，前後端團隊共同規劃，在施工階段，則各自帶開進行實作，也可以盡早向客戶徵求意見，避免發生出貨前重工的窘境。此種模式如圖 2.2 所示，在每次的迭代中保持團隊合作並且改善問題，藉此達成最佳的總體效率，切記，只要問題越早被發現，解決的成本就越低。

API 設計流程的反模式

API 設計流程上的失敗往往來自於幾種常見的反模式（antipattern），這些反模式不僅影響團隊本身，也可能對整個組織帶來負面的效應，下面我們來檢視這些反模式，並注意他們是否正發生在我們身上。

「抽象泄漏」反模式

一個缺乏設計流程的 API，往往是先寫程式，再畫流程，這類的做法將導致 API 設計與某項編程技術綁定，或過度依賴特定的資料庫或雲端廠商。

以某個基於 Apache Lucene 的推薦引擎為例，它的 API 需要用戶透過 HTTP POST 傳送一份 Lucene 的配置檔才能運作，相當於強迫使用這個推薦引擎的人，除了得搞懂推薦引擎以外，還得先搞懂 Apache Lucene，這類將底層架構暴露出來的情形，我們稱為「抽象泄漏」（leaky abstraction）反模式。

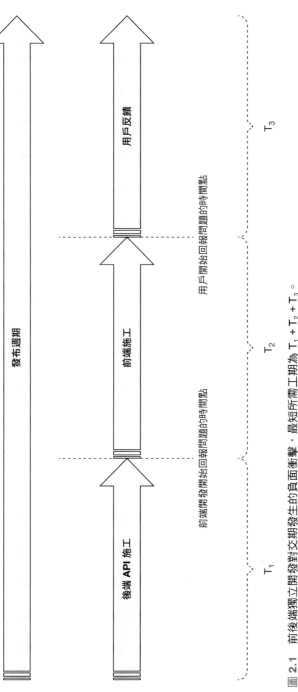

圖 2.1　前後端獨立開發對交期發生的負面衝擊，最短所需工期為 $T_1 + T_2 + T_3$。

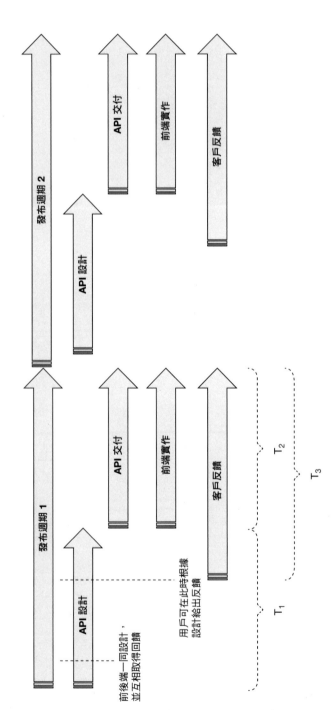

圖 2.2　效率最佳化後的 API 交付時程，最短所需工期為 $T_1 + \max(T_2 + T_3)$。

我們可以透過製作 API 原型（prototyping API）來避免上述狀況，而若要在原型中做出正確的設計抉擇，需要來自外部視角的觀點以及一個有效的 API 設計流程。

「下次再改」反模式

在缺乏 API 設計流程的團隊中，往往他們在當前的版本發布前，就已經規劃了下一次的改版，這導致當前版本失去了再優化的可能，進而導致了在 backlog 中積下了更多的技術債。

這類反模式來自於程式太複雜而留下的後遺症，因為複雜度太高無法在時限內完成，又迫於時限必須發布，殘餘的工項只好被排到更後面的週期，這些問題可能像來不及更正的拼寫錯誤之類。而這些來不及改的問題，在 API 中一旦存在，如果又為人所用，那麼從此再也難以更正，否則那些已串接的客戶端將被破壞。

在第 14 章「API 的改版規劃」我們會談到如何改版並保有穩定性，可以有效的改善上述問題。

「孤注一擲」反模式

那些已經相當熟悉市場與用戶需求的人，會用他們對需求的理解來設計 API，對小型團隊來說，只要他們能足夠深入的了解他們所在的市場與客戶，這種模式就可能是有效的。

然而此種模式難以應對來自某個新市場的需求，因為沒有任何人對該領域有足夠的了解，一旦貿然投入很容易成為孤注一擲的舉動，導致後續一連串的混亂，典型的症狀是設計一改再改，但還是被客戶抓包問題，連續幾次後開始病急亂投醫，四處尋找各路偏方，但始終無法從根本解決，最終在交期逼近下，丟出一個勉強可用，但打滿補釘的破銅爛鐵。

儘管我們的 API 設計流程無法保證一帖見效，但有快速驗證假設的機制，我們也鼓勵盡早徵求專家、客戶的意見，請他們幫我們找出問題，避免發生久病難醫的狀況。

「乏人問津」反模式

沒有人喜歡做失敗的專案，也沒有人喜歡輸的感覺，然而一旦 API 偏離了正確的目標，那就註定走向乏人問津的局面，即便有少數人願意光顧，但在長期缺乏用戶反饋與修正的情況下，實際串接多半錯誤叢生，經不起現實的考驗。為了避免上述的慘況，API 在設計階段就應該盡可能讓更多的人參與，他們可以為我們的專案進行驗證與反饋，讓專案更貼近實務需求。

「API 設計優先」方法

API 設計流程，是一種將商業需求有系統地轉換成 API 設計的方法，API 設計流程適用於各種規模的組織，目的是讓 API 用戶能更簡單的去開發、串接、部署他們的產品。

API 有著永存的特質，它的永存性在於只要一支 API 還存在著某個串接，那就幾乎不可能全面切換到新版，這支 API 將永遠被那個串接所套牢，而有缺陷的設計也將永存，因此我們說設計優先，設計是重要的，好的設計帶你上天堂，不好的設計帶你住套房。

在「API 設計優先（API design-first）」方法中，我們首先要做的是確認目標，弄清楚 API 的目標及目的為何，而不是急著開始寫程式。

當然，回到現實情況，多半還是有既有的程式和資料，我們不會選擇視而不見，我們的流程中並不要求一定要從零開始打地基，我們要的是將 API 設計視為獨立且重要的一環，而不僅是軟體交付大業中的小角色。

在 API 設計優先方法中，有五個主要的階段，如圖 2.3：

1. **探索**：確認 API 的需求，以及確認是否現有的 API 已經能滿足用戶的需求。
2. **設計**：因應客戶需求，去規劃 API 設計，或者改善現有的設計。

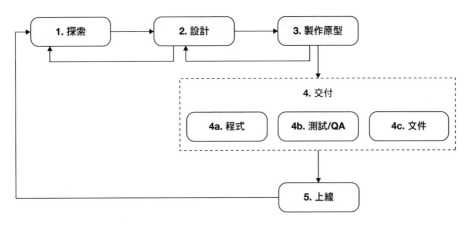

圖 **2.3**　API 設計優先的五個階段

3. **製作原型**：製作原型 API（prototype API）或擬真 API（mock API）供大家使用，取得反饋並加以改進。

4. **交付**：在交付的過程中，根據原型與設計平行展開程式、測試、文件三項工作，但我們並不追求一次性的完工發布，而是走迭代式的優化循環，因此可以逐步的完成交付的進度。

5. **上線**：開始讓內外部用戶使用 API 進行串接，良好的客戶支援是此階段中最重要的。

在上面的五個階段中，我們以用戶及目標為導向，蒐集用戶與成員的意見，持續的迭代優化我們的 API 設計，並產生出 API contract，而後利用原型 API 或擬真 API 模擬真實的 API 行為，在後續的施工過程中，以定案的 API contract 為基礎，平行展開程式、測試、文件撰寫工作，最終上線後，再次根據用戶的反饋，進入下一個迭代循環。

原則一：設計 API 千萬不要孤軍奮戰

要成就霸業必然得靠眾志成城，我們需要來自技術／非技術面的人士共同參與，共同貢獻自己的專業，如果僅有技術人員，那設計上必然缺少來自其他方面的平衡觀點而不健全。

「API 設計優先」與敏捷開發

API 設計優先（API design-first）注重的是在整個設計與交付流程中的快速反饋與快速調整，它並不追求一定要全盤設計完畢才開始寫程式，這點與敏捷開發是一致的，下面我們來看看敏捷開發可以怎麼與我們的設計方法相結合。

檢視敏捷開發宣言

想更好的了解敏捷開發與 API 設計優先如何搭配使用，得先理解敏捷開發的基本原則，下面是我們整理的幾項敏捷開發中與 API 優先設計有關的原則[1]：

- 我們最優先的任務是滿足客戶需求。

- 竭誠歡迎改變需求，甚至已處開發後期亦然。

- 經常交付可用的軟體。

- 業務人員與開發者必須天天一起工作。

- 可用的軟體是最主要的進度量測方法。

- 持續追求優越的技術與優良的設計，以強化敏捷性。

- 精簡——或最大化未完成工作量之技藝。

請把這些敏捷心法銘記在心，並在設計 API 時盡早讓所有內外部參與者進行溝通、參與設計，包括你的內部開發團隊，你的商業合作夥伴，以及那些會串接我們 API 的外部開發者。

在發布 API 設計時，不要等到全部完工才一次性發布，而是分批完工分批發布，這讓我們有機會提早收到用戶的意見，並且也來得及對後面的部分做修正，否則你會收到排山倒海而來的反饋，並且永遠消化不掉。

我們信奉「追求簡單」的原則，這鼓勵我們在 API 設計中，用簡單的形式去設計與表達，避免艱澀難懂的用法、不賣弄高深，以對用戶最簡單直覺易懂的方向設計，只在有必要的時候添加額外的背景知識。

1　Kent Beck, et al., "Principles behind the Agile Manifesto," https://agilemanifesto.org/principles.html.

API 設計優先中的敏捷性

API 設計優先（API design-first）的目標是收集所有的情報，預先規劃對策，避免未來發生砍掉重練的憾事，但它並不要求一定要全部設計完工後才開始進行開發，這點和敏捷開發是一致的。

請記得

永遠可以對 API 加入新的特性，但幾乎不可能拔掉舊有的，因為總是還有客戶端依賴著舊有的特性，所以我們在設計 API 時導入敏捷開發的手法，在逐次的改進中，回應用戶、夥伴、員工的需求。

API 設計優先流程，加上敏捷的精神，讓我們能夠既有縝密的計畫，又能夠快速地回應客戶需求，傳統的瀑布式開發法完全與我們不在同一個量級。

ADDR 流程

API 設計團隊最大的挑戰是如何將各種形式的商業需求轉換成 API 設計，對有軟體業務邏輯分析能力的人來說，彙整那些案例報告、試算表、框線圖等文件可能駕輕就熟，然而一旦遇到要把領域模型（domain model）或商業能力轉換成具體的 Web API 設計時，又是個頭大的問題，其中的挑戰之一是該如何讓技術人員 / 非技術人員都對專案範圍與目標有一致的認知。

在此我們在 API 設計優先方法中導入 ADDR 流程[2]，透過 Align-Define-Design-Refine（對齊 - 定義 - 設計 - 優化）四大階段來實現我們的設計：

1. **Align（對齊）**：確保商業、產品、技術團隊對產品的範圍與目的都有共同且一致的認知。

2. **Define（定義）**：將商業與客戶需求轉換成對應的數位能力，成為 API 實作的基礎。

---

[2]　ADDR 是我多年來從事 API 設計教練的心血結晶。

3. **Design（設計）**：依照特定的步驟制定 API 設計文件，並選定適合的 API 風格。

4. **Refine（優化）**：根據用戶的回饋優化 API 設計、文件、原型、測試等。

上面的四大階段又可分為七大步驟，在後面的章節中會一一帶到：

1. **鑑別數位能力**：釐清用戶需求，定義出能解決需求的數位能力。

2. **產生活動與步驟**：從用戶的動機、需求，與情境中找出具體的步驟，並將步驟所對應的數位能力納入 API 設計中。

3. **界定 API 邊界**：將 API 依照相關性分門別類，以及確認是否可以用既有 API 滿足客戶需求，縮短交付時間。

4. **建立 API 模型**：建立 API 模型，產出 API profile 作為後續高階設計（high-level design）的基礎。

5. **高階設計**：選擇合適的 API 實現風格，製作高階設計文件。

6. **優化設計**：蒐集 API 用戶反饋來改進我們的產品。

7. **撰寫 API 文件**：撰寫 API 文件，包括 API 規格文件與入門指南，方便用戶進行串接。

圖 2.4 為 API 設計優先方法的 ADDR 流程概要圖。

透過上述的流程，我們希望能達到下列目標：

- 最終交付的產品要真的能為客戶解決問題，並且 API 的設計也必須是符合客戶認知的。

- 終結混亂的設計流程，減少無謂的設變與重構。

- 讓 API 的設計與交付流程適用於全體參與者，而不僅是開發團隊的技術遊戲。

- 透過系統性的方法提高交付的效率。

- 透過流程內的機制，讓技術方 / 非技術方都有表達意見的機會，最終形成彼此一致的共識。

- 此流程中每個階段產出的文件、紀錄，都是有系統、可追溯、可傳承的，而不是像白板上那些臨時起意的、畫得令人摸不著頭緒的塗鴉。

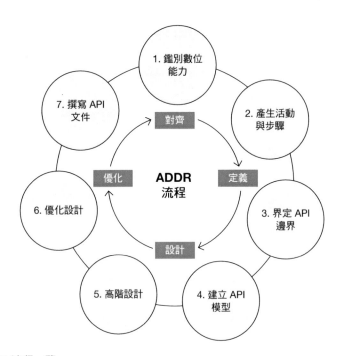

圖 **2.4**　ADDR 流程一覽

ADDR 流程的導入讓我們能實現更健康、更永續的 API 發展環境，在後面的章節，我們會以一個實際的案例帶入，一一介紹 ADDR 的每個環節：

- 在第 3 到 6 章，是 ADDR 的 align（對齊）與 define（定義）階段，我們會用工作故事來探索用戶真正的需求、動機與目標。

- 在第 7 到 9 章，是 ADDR 的 design（設計）階段，我們會根據需求，從幾種常見的 API 風格中，選擇適當的 API 風格。

- 在第 10 章，我們會談到將 API 解構成微服務的話題。

- 在第 11 到 13 章，談的是開發體驗，藉由良好的文件、提供輔助套件、CLI 工具程式以及正確的測試策略，來確保每位開發者都能輕鬆快速的上手我們的 API。

- 在第 14 章，主題是 API 的改版與維護規劃，讓我們的 API 產品長治久安。

- 在第 15 章，談的是 API 的安全議題，包括防止資料外洩與身分驗證的機制。

- 在第 16 章，我們會談到如何在大型組織運用 API 設計流程的議題。

DDD 在 API 設計中的角色

前面曾經提過追求單純的原則,簡單說就是用客戶能懂的方式,解決客戶的問題,而這需要來自對客戶、市場需求、商業策略的深入理解,如果在設計與開發時忽略這些要素,那麼就難以成為一個優秀的 API。

DDD(領域驅動設計)是一種軟體開發的方法,它鼓勵外部領域專家與軟體開發者合作,共同解決複雜的問題,DDD 的基本步驟是討論、傾聽、理解、發掘,最後產生出具差異化、戰略性的商業價值,團隊中的所有成員,無論是技術的、非技術的,只要能帶來創新觀點,都可以提出自己的見解。如果您未曾了解過 DDD,可以參閱 DDD 創始人 Eric Evans 的 DDD 書籍[3],以及 Vaugh Vernon 的《Implementing Domain-Driven Design》[4],書中談到如何在組織內施行 DDD 的議題。

我的 ADDR 流程有部分概念與方法源自於 DDD,但這不表示讀者需要熟悉 DDD 才能運用 ADDR,如果您已經了解 DDD,那麼在 ADDR 將會看到類似的概念和手法,然而要提醒的是,ADDR 在某些時候會與 DDD 有所差異,這些差異是為了使 ADDR 有更廣的適用性與使用性,對 DDD 熟悉的人來說,您可以自行去理解與調整 ADDR 流程。

API 設計與全員參與

多數的軟體開發需要來自各領域人士的參與,有負責分析市場的業務主管、產品負責人,有負責制定架構的軟體架構師、技術主管,有負責實作的軟體開發者,還有負責做美美的 UI 和 UX 的設計師。

每個人都在 API 設計流程中扮演他們應有的角色,發揮自己的專長,貢獻自己的經驗,即便對小團隊來說有可能有一人多工的情況,然而還是建議盡可能的有各自的技術 / 非技術人員,才能夠確保觀點上的平衡而不偏向某一方。

3　Eric Evans, Domain-Driven Design: Tackling Complexity in the Heart of Software (Boston: Addison-Wesley, 2003).

4　Vaughn Vernon, Implementing Domain-Driven Design (Boston: Addison-Wesley, 2013).

會參與 API 設計流程的角色如下列：

- **API 設計師與架構師：** 負責推進設計流程與貢獻 API 設計的專業知識。
- **外部領域專家（subject matter expert, SME）：** 負責釐清需求與確保 API 設計符合該領域用戶需求。
- **技術負責人：** 負責主導實作，也是在評估時程時的技術顧問。
- **產品經理：** 負責找到產品的市場定位與收集用戶需求。
- **技術寫作者：** 負責撰寫 API 文件，以及確認與文件有關的事項。
- **敏捷教練與專案經理：** 負責管理時程與評估風險。
- **QA 團隊：** 負責統整測試工作，包括定義測試條件與頻率、制定測試計畫等等。
- **基礎設施與營運團隊：** 負責確保實體的網路、主機、容器、訊息閘道、串流服務，以及其他基礎設施的運作正常。
- **安全團隊：** 負責審視 API 中與個資有關的部分，判斷資安風險，減少可能被攻擊的弱點，並協助與機敏資料有關的 API 設計工作。

一個好的 API 設計流程應該要有各方的參與，採納來自各方的觀點，得到技術 / 非技術間的平衡，追求共識，才有可能造就出一個好的 API 產品，在後續的章節中，我們將繼續探討流程執行上的細節。

有效的實施流程

ADDR 是可以與其他流程一併使用的，儘管初期可能較不熟悉某些步驟，然而只要隨著經驗的累積就會逐漸改善，並且一定會感受到 ADDR 帶來的好處。組織也要花時間來熟悉這些流程，這時我們可以拿出過往的挑戰，並嘗試用 ADDR 來解決他們，藉此讓組織對 ADDR 的使用更熟練。

對組織來說，他們有可能需要逐步的導入 ADDR，這種情況我建議從第四章的「產生活動與步驟」開始，然後是第 6 章的「建立 API 模型」，其餘的部分可以自行決定。

總結

API 的設計是軟體交付中的重要一環，它需要組織內大量的溝通，也需要對外部的開發者溝通，透過溝通和參與，我們得以去驗證與修正某些假設，並且在流程中也促進了，商業、產品、技術三方團隊的對話與合作。

API 設計優先採用的是從外向內的視角來看 API，以外部用戶與開發者的觀點，結合從下至上的設計手法，讓 API 在用戶需求與開發者需求間取得平衡，整個設計的過程中需要多人的參與，並且透過對齊（align）、定義（design）、設計（define）等幾個步驟做出成功的 API 設計。

在介紹完 API 設計的基礎原則後，該是讓我們進入 ADDR 實作流程了，首先登場的是 Align（對齊）。

Part II

尋求一致性

從事 API 設計時,其中一項挑戰是如何將商業需求轉換成 API 設計,也及該如何確保 API 符合市場需求,此外,又該如何確保內部的商業與技術團隊對目標有共同的認知,避免事前的分歧造成事後的重工。

在第二篇,我們深入探討 ADDR 中的 Align(對齊),在第 3 章「鑑別數位能力」與第 4 章「產生活動與步驟」將會引導讀者如何用一系列的流程,將商業需求轉換成更具體的、能為用戶提供服務的數位能力,只要跟隨本書的步驟,就能有效的在所有參與者中建立共同的一致性,並進行後續的 API 設計。

第三章

鑑別數位能力

當我們購入一項產品時，本質上是「雇用」它來完成任務，如果它做得很棒，下次有同樣的任務，我們也會再次雇用這項產品，如果它做得很爛，那我們就會「解雇」它並尋找其他替代品。

—Clayton M. Christensen、Taddy Hall、
Karen Dillon、David S. Duncan

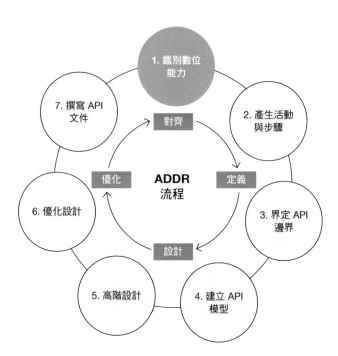

圖 3.1　一致性從鑑別數位能力（digital capability）開始

企業組織要顯露自身的數位能力（digital capability），API 是最常見的形式之一，從網頁應用到手機應用，從人力資源到資訊整合，他們背後的運作都來自 API 的支持，不論是業餘或是專業的開發者，都可以透過 API，實現程式化的資料交換、商業流程的自動化運行，或者內部系統間的相互串連等，企業組織必須能夠鑑別自身的數位能力（參見圖 3.1），並透過一系列的流程逐步構建出 API，讓用戶得以使用，進而實現商業目標。

ADDR 流程從定義數位能力開始，將用戶需求視為具體目標，並以此為基礎，定義出所必要的數位能力，ADDR 中也說明了為了達成目標，而必須在設計 API 前必要的活動與步驟。

本章將介紹所謂數位能力的概念，解釋它與 API 間的關聯，並概述了一種將需求以特定的格式對應至成數位能力的方法，之後在設計 API 時，將可參照這些數位能力來做設計。

確保參與者的共同目標

正如第 2 章「API 設計與團隊合作」中所討論的，API 設計是一種溝通與交流，跨團隊、跨組織的外部與內部開發人員得以透過 API 互相溝通與交流，然而那些外部的 API 用戶並無法窺見 API 的內部程式碼，也難以了解 API 的內部作業，因此，API 的設計以及相關的文件都應盡可能的用簡單的形式表達，以利外部開發者的閱讀與理解。

一個優良的 API 設計，必然不可或缺的是了解用戶的需求，不論是開發人員或最終用戶，API 設計的良莠將影響他們的使用體驗，使 API 設計與用戶需求保持一致，才有助於提供出色的開發體驗與用戶體驗。

相對的，忽略用戶需求的 API 提供的往往是糟糕的使用體驗，往往這些糟糕的 API 也還是得要被大幅改寫，而這可能會破壞掉 API 間既有的串接，面對這些既有的串接，是很難說服對方再花額外的精力陪我們玩 API 改版的遊戲，因此我們寧願在設計 API 時花更多心思滿足用戶需求，而不是只根據自己的臆想來草率的決定 API 的設計。

除了小型組織，一個典型的 API 設計團隊通常有許多不同的角色，包括產品負責人、產品經理、商業分析師、軟體分析師、客戶經理等等，這些角色分別代表了來自用戶不同面向的需求，要成就一個完善的 API 設計，也必然得包含這些各個面向的觀點，而不僅只單純的考慮資料如何拋接等技術面的問題。

因此在開發團隊與其他參與者間建立一致性是必要的，一致性意味著不論是開發者、商業分析師、用戶等，他們對 API 有著共同的目標，假設缺乏一致性，例如忽略來自商業面的需求，即便它能滿足用戶，也無法帶來商業上的成功，反之如果 API 忽略了來自用戶面的需求而只滿足商業面，也必然導致用戶面的失敗，如果兩個面向都無法滿足，那更是徒然，換回的只是一堆沒用的程式碼而已，為了避免上述的悲劇發生，在 ADDR 的章節中，我們會認識到所謂的數位能力，以及如何利用數位能力在商業面、用戶面、技術面建立共同的一致性。

什麼是「數位能力」？

在企業管理領域，有所謂的商業能力，指的是企業組織為維持市場競爭力與獲利所具備之能力模型，例如產品設計、產品製造、客戶服務等都是商業能力的一環。

而數位能力指的是企業組織提供自動化機制的能力模型，自動化機制的存在，讓員工、外部夥伴、用戶等都能利用程式與企業組織進行互動，數位能力並不限定特定的技術，可以用多種技術方案實現，包括 REST API、webhook 異步 API、SOAP、串流、批次檔案處理等都可以用於實現數位能力。

用數位能力來檢視自己與競爭者的產品、服務，就能從更深入的視角來觀察組織的價值所在，以及他們對市場的劃分策略。

由組織或產品提供的一系列數位能力，我們稱為數位能力組合，某些組織將它的數位能力組合整合成一個平台，組織成為莊家，讓市場上的玩家可以透過莊家的平台進行彼此間程式化的互動，這種平台有時被稱為數位平台或平台能力。

雖然數位能與與商業能力兩者間有著一定的對應關係，但他們的差別在於關注的層面不同，商業能力往往用 KPI 或 OKR 等指標來追蹤績效，然而數位能力重視的是成果的產出，以及為了獲得商業能力而所必要的行動，簡單的說，商業能力表示的是組織的「what」，而數位能力表示的是組織的「how」。

表 3.1　專案管理系統的 REST API

數位能力	REST API 範例
管理專案	POST /porjects
增加成員	POST /projects/{projectId}/collaborators
將專案分割成問題	POST /issues
標示問題已完工	POST /issues/{issueId}/completed
檢視未完工的問題	GET /issues?status=incomplete
檢視活躍中的專案	GET /projects?status=active

表 3.1 是一個典型的專案管理系統的範例，表中列出了該系統所的幾種數位能力，以及對應的 REST API 操作與端點。

注意到在上面的例子中，我們對數位能力的描述都是用戶導向的，而後面的 API 端點顯示出一項數位能力是用怎樣的方式去實現，API 風格有可能是 REST、GraphQL、gRPC（見第 7、8 章），也可以暫時省略，而有時有一項數位能力也有可能需要多種的 API 風格供不同的目的使用。

有幾種方法可以把商業或產品需求蒐集並轉換成數位能力，在本書的 ADDR 流程中，我們會用到下面介紹的 JTBD（jobs to be done，需要完成的工作）理論及一種稱為「工作故事」的方法來蒐集用戶需求與使用情境。

聚焦在 JTBD

JTBD（jobs to be done，需要完成的工作）指的是在建構產品或服務時，那些已明確知道必須完成的事項，JTBD 理論圍繞的是用戶有那些問題、解決問題需要完成哪些事項，以及解決問題之上的整體目標等等的課題。

JTBD[1] 是由 Clayton Christensen 所提出，他著有《Innovator's Dilemma》[2]。JTBD 是一種採取用戶觀點來設計產品或服務的方法，確保產品能確實為客戶解決問題，並

1　Christen Institute, "Jobs to Be Done," accessed August 12, 2021, https://www.christenseninstitute.org/jobs-to-be-done.

2　Clayton M. Christensen, The Innovator's Dilemma: When New Technologies Cause Great Firms to Fail (Boston: Harvard Business Review Press, 2016).

藉此獲得更高的市佔率，在 JTBD 理論中，從確認用戶需求開始，然後轉換成具體的工作（job），最後才定義該如何用產品或服務來滿足那些需求。

JTBD 的「工作」（job）不僅是指那些原本意義上的工作，還更廣義的包括工作的目標與成果，工作有可能是全新的、待處理的，也有可能是原有的、但用戶還不滿意的，總之，那些從無到有、能使產品滿足用戶需求的元素，都可以被視為「工作」，JTBD 理論不僅可用在 API 設計，也可以用在其他產品或軟體設計上。

JTBD 背後的思想是基於 1980 年代提出的 VOC（voice of the customer，用戶心聲）理論[3]，該理論的基礎是，要改善一個產品，應該從用戶的角度代入，具體的作法是透過市場調查與客戶訪談確認用戶的需求與痛點，並加以改善。

Christensen 認為產品除了要滿足功能需求外，也要顧及到用戶的感受與社會面，這指的不是那些硬梆梆的功能有沒有的問題，而是如何帶給用戶正面體驗的問題，他的觀點是在滿足功能之餘，用戶在使用的過程中如何感到確切且愉悅，而不是充滿疑惑及焦慮，甚至有的人會想如何讓用戶用得「爽」。

原則二：API 設計是目標導向的

藉由目標導向，確保了 API 是真的對用戶有意義的，我們應該把 API 視為一個產品，而不僅是資料、串接等等技術層面的東西，因此我們導入了 ADDR 流程，透過這個流程讓我們去解析用戶真正的需求是什麼。

什麼是工作故事？

對用戶來說，他們絲毫不關心那些技術層面的東西，什麼 API、微服務、serverless、框架對他們都不重要，他們在乎的是誰能為他們解決問題，他們在乎的是成果與目標。

工作故事（job story）記載了要完成一個產品所必要的工作，並且是廣義的工作，包括用戶動機、有哪些重要事件、用戶對產品的期待等，進入用戶的視角構想產品各面向上的問題，透過工作故事，我們試圖從中找出用戶到底有哪些問題，以及應

3　Wikipedia, s.v. "Voice of the Customer," last modified July 15, 2021, 12:112, https://en.wikipedia.org/wiki/Voice_of_the_customer.

該怎麼解決，在 API 設計上，我們用 JTBD 協助我們定義出那些能為客戶解決問題的工作（job）。

工作故事是 Alan Klement[4] 在 JTBD 的基礎上提出的，這兩樣工具成為我們用來定義那「需要完成的工作」（jobs to be done）的利器。

透過工作故事，讓我們更加的走向目標與用戶導向，不僅如此，裡面的用戶情境也能作為撰寫測試腳本的基礎，但要提醒的是，不要在工作故事內摻雜技術面的東西，工作故事應該只著重在對一個需求的知其然並知其所以然，而非技術細節。

在 ADDR 中，我們會大量的利用工作故事，它為我們提供一個需求背後的使用情境，它的格式既簡單又能完整的記載用戶需求，讓我們可以輕鬆的從中解讀出用戶真正的痛點，並反映到 API 設計內。

工作故事的結構

工作故事（job story）主要分成三個部分，是由「When」、「I want to」、「So I can」三者構成的格式：

1. **When**：觸發用戶需求的事件（triggering event），說明 API 被呼叫的時機。

2. **I want to**：用戶所需要的那些「能力」（capability），能力決定了 API 能為用戶做什麼，以及用戶可以用何種方式與之互動。

3. **So I can**：用戶期望得到的成果（outcome），當前面的事件與能力發生時，用戶對結果的預期，此區塊也可作為 API 的驗收基準。

圖 3.2 是一則忘記密碼的工作故事，裡面有組成工作故事的三個部分的說明。

圖 3.2 是個典型的工作故事範例，我們透過工作故事來理解用戶的需求，從故事裡我們可以知道，用戶要可以重設密碼，因此我們在 API 設計內就必然得包含這樣的數位能力來滿足用戶的需求。

4　Alan Klement, "Replacing the User Story with the Job Story," JTBD.info, November 12, 2013, https://jtbd.info/replacing-the-user-story-with-the-job-story-af7cdee10c27.

圖 3.2　一則工作故事與構成它的三大部分

寫出 API 的工作故事

用來製作工作故事（job story）的資料可能以各種形式存在，可能某些明確呈現出要解決的問題，可能某些只有目的而缺少其他的資訊。

撰寫工作故事並不存在固定的鐵律，但下面我們提供三種在撰寫工作故事時常遇到的問題以及解決的方法，希望能幫助讀者在面對類似的問題時，能解決並回答「When、I want to、so I can」三大關鍵疑問，最終定義出客戶真正的需求。

方法一：已知要解決的問題

這是最常見的情控，用戶明確的知道他們的問題所在，我們只要問他們下面幾個問題就可以得到完成一份工作故事的全部資訊：

- 用戶解決問題之後想獲得的具體成果是什麼？

- 要獲得此成果，有哪些前置作業？

- 根據前面兩個答案，回頭檢視這份工作故事，引起需求的記載是否描述適當？或者有沒有其他更好的方式來表達這項需求？

方法二：已知要達成的目標

有時用戶只知道想達成的目標，但卻缺少了中間的資訊，用戶覺得他們需要，但卻不知道為何而要，我們可以用下面的問題引導他們從目標往回推衍，討論出更多的細節，藉此完成完整的工作故事：

- 目標難以達成的阻力是什麼？

- 達成目標前有哪些事前作業？如果有多個項目可以把它們彙整到同一則工作紀錄內。

- 根據上面的問題，看看原本用戶所給出的目標是否真的能滿足他們的需求，或是應該做怎樣的改寫？

方法三：已知所需的數位能力

又有時候用戶知道他們所需要的數位能力（digital capability），因為用戶本身就是該領域的專家，或者他們已經自行設想規劃過了，這種情況我們可以透過下面的問題來找出數位能力的背後的情境與需求，藉此完成完整的工作故事：

- 用戶想透過什麼樣的方式達到目標？

- 需求背後的問題點是什麼？情境又是什麼？何時會用到？

- 他們要的數位能力真的是他們要的嗎？如果不是，有更符合他們需求的數位能力嗎？

工作故事中的挑戰

當我們在撰寫工作故事（job story）時，可能會遇到下面三個問題：太多細節、太偏向功能面、缺乏使用情境，下面分別討論問題本身及解決辦法。

挑戰一：太多細節

工作故事的確應該要有足夠的情境，未來在轉換成具體的工項時才有足夠的資訊（請見第 4 章），但也有可能摻入了過多的額外細節使焦點發散，而這可能是因為執筆人深怕遺漏半點蛛絲馬跡，就像下面這個例子：

When 我發現一件想買的商品

I want to 填入數量、顏色、款式

So I can 將它加入購物車，並看目前購物車內的小計、運費、稅額各是多少

上面的工作故事充斥了太多細節，我們可以把那些細節放進額外的附加細節區，既確保了工作故事的簡單扼要，又保留了使用情境的全貌，上面的例子修改後如下：

When 我發現一件想買的商品

I want to 把它加入購物車

So I can 對它下訂單

附加細節：

- 加入購物車時需填入數量、顏色、款式。
- 購物車會顯示目前的小計、運費、稅額資訊。

將額外的細節轉換成條列式的要點，如果是用試算表，則可以用額外的一欄記錄這些資訊。

挑戰二：太偏向功能面

這種狀況來自於在撰寫工作故事時對功能面的過度關注，特別容易發生在 UI 已經定案的產品上，導致容易忽略問題的根源與目的，而直接把重點跳到功能上。

下面就是一個這樣的例子：

When 我發現一件想買的商品

I want to 按黃色鈕加入購物車

So I can 將它加入訂單

這種情形可以試著改寫，不要讓情境與特定的功能鈕綁定，那些按鈕的敘述可以移到額外的「附加細節」區內，作為額外的補充參照。

修改後的例子：

When 我發現一件想買的商品

I want to 將商品加入購物車

So I can 將它列入訂單

附加細節：

- 加入購物車的按鈕應該為黃色。

- 按鈕名稱應為「加入購物車」。

挑戰三：缺乏使用情境

以往常用的另一種描述需求的格式是用戶故事（user story），用戶故事有著固定的語句「身為某某某」作為開頭，幫助我們明白問題的苦主是誰，然而某些時候我們會看到都一律用「身為用戶」帶過，但這樣過於籠統的描述對後續的作業是沒有幫助的，甚至造成此用戶非彼用戶的混亂狀況。

而我們的工作故事在設計上就不強求一定要註明某個用戶，但有時候為了讓使用情境的描述更完整，還是需要寫下關於用戶的資訊，這種情況下，可以將原本的「I」改為一個具體的用戶，如下面的例子：

When 要決定特賣會的日期

經理 **want to** 一份能自訂區間的銷售報表

So 經理 **can** 根據銷售紀錄決定特賣日期

這樣做就可以讓工作故事保留原有的架構，又補充了用戶角色的資訊，就像是工作故事和用戶故事的混合版。

撰寫工作故事的技巧

目前市面上沒有專門的工作故事（job story）撰寫工具，可以選擇自己順手，又適合團隊合作的工具，下面是我們推薦的幾個。

- **試算表：**試算表是日常很普遍的工具，也很適合拿來做工作故事。用試算表記錄工作故事時，我們用一個橫列記錄一則工作故事，每列的第一欄記錄工作故事的編號，後面三欄分別是「Whan」、「I want to」、「so I can」，最後面再放一欄附註。目前有許多的試算表都有提供多人協作的功能，可以多加利用。
- **文件：**也是相當普遍的工具，文件的結構性稍差，優點是可以整理成索引卡的格式，卡片的標題是工作故事的編號或簡短說明，內文分成三個區塊「Whan」、「I want to」、「so I can」，下方保留空間寫條列式的補充資訊，在每一則工作故事間，用足夠的空行或斷頁做區隔。
- **Markdown：**Markdown 是一種在純文字加上格式標記的文件，它也可以被轉成具有樣式的 HTML、PDF，或其他格式，可以用一份 Markdown 檔案記錄一則工作故事，也可以把全部的工作故事都存在同一個 Markdown 檔案內，配合 Git 之類的版控系統，就可以對工作故事做完整的歷史追溯，當然這種方式相對的需要比較多的技術成份。

實際的 API 設計案例

下面我們用一間虛構的書店「JSON 書屋」來示範如何做 API 設計，這是一間以 SaaS 為基礎的網路書店，它是一間全球化的網路書店，雖然是虛構的，但裡面有來自我過往案例的實際經驗，我們可以透過這個案例來了解真實世界的 API 是怎麼設計的，案例裡有來自各方面的問題與需求需要被解決，包括用戶面、營運面、商業面、串接面等，當然也有 API 設計流程中自己所需要解決的問題。

JSON 書屋背後的運作靠的是一支支的 API，有負責電子商務的、有負責訂單出貨的、有負責庫存管理的、也有負責商品管理的，還有一些 API 是給外部串接用的，隨著 API 的增長，這些裡裡外外的服務需要一種有系統的管理方式，透過管理機制來確保每支 API 的穩定運行和開發進程。

工作故事範例

表 3.2 列出了在 JSON 書屋中購物和採購方面工作故事（job story），讀者也可以寫下自己的工作故事當作練習。

此範例取自我的 API 工作坊，完整的範例在 GitHub[5]。

總結

API 是數位能力的展現，它是一種自動化機制，我們用 API 來解決用戶的需求，因此 API 在設計上也應該要是目標導向的，有明確的目標才有明確的 API，幫助明確的用戶解決明確的問題。

表 3.2　JSON 書屋的工作故事

ID	When…	I want to…	So I can…
1	新書上市時	看到新書書單	豐富我在茶水間閒聊的談資
2	想來一本娛樂性或學習性的書	瀏覽分類或關鍵字搜尋	瀏覽相關的商品
3	看到一本不那麼熟悉的書	看看書的介紹或評價	判斷它適不適合我
4	找到一兩本想買的書	下單	買到它然後等收貨
5	想知道訂單出貨狀況	看訂單資訊	知道預計到貨日期

透過工作故事，讓我們能了解到一個需求背後的動機、情境，與目的，這能讓全體的參與者對需求建立起一致的共識，我們可以說投資越多努力在工作故事，API 也越能貼近客戶需求，工作故事是我們在做 API 設計時用到的第一項工具，它讓我們做到了 ADDR 的 align（對齊），後面我們會再談到從工作故事中產生活動與步驟，以用於後續的 API 設計。

5　https://bit.ly/align-define-design-examples

第四章

產生活動與步驟

軟體開發者總是花費大量的時間在學習，學習那些他們未知的東西，這其他工作截然不同，因為我們的每一次總是我們的第一次（儘管在外人看來都是在敲鍵盤）。

—Alberto Brandolini

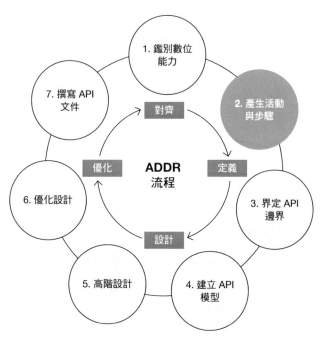

圖 4.1　對齊後的下一步是產生活動與步驟

前面引述自 Alberto Brandolini 的話說明了我們的工作性質，開發軟體總是為了解決別的領域的問題，有些人比較幸運，能一直在熟悉的領域工作，而多數人則沒那麼

43

好運，由於這樣的工作性質，軟體開發者總是得不斷面對新的領域，理解它、解構它，又再次建置它，這當中還得面對時間的壓力，在有限的交期內，變出能用的軟體、介面、API、資料等一大堆魔術。

魔術的背後其實是很科學、很有系統的流程，ADDR 將幫助我們實現這一切，在第 3 章「鑑別數位能力」中，我們學習到 API 應該是目標導向的，以及探訪用戶需求的方法，而下一步我們將從中挖掘更多的細節。

在本章中，我們會根據圖 4.1 的架構，循序進入產生活動與步驟的環節，在這個章節中也會介紹事件風暴（EventStorming）方法，我們可以在用它在進入一個新領域時，為團隊對該領域建立共同的認識與理解，並用於後續的 API 設計。

從工作故事產生活動與步驟

在第三章我們用工作故事（job story）來找出用戶的需求、動機、情境、目標等資訊，而下一步就是把工作故事展開成更為具體的活動與步驟。

活動指的是為達成目的所付出的勞務，一個活動可以獨自完成，也可以多人完成；一個活動可以由人完成，也可以由某個系統來完成。

而步驟是分解自活動的更小的工項單位，一旦所有的步驟完成，意味著其上的活動完成；一旦所有的活動完成，也意味著其上的需求與目的被完成。

我們會先將工作故事解構出相關的活動，再從活動中解構出相關的步驟，最終我們會在第 5 章「界定 API 邊界」，談到如何利用活動與步驟界定 API 邊界。

在這個階段完畢之後，團隊中的每個成員應該都對我們的用戶、問題、情境有了足夠深入的了解，如果當中還有哪些模糊之處，我們可以進入事件風暴活動來進一步釐清整個故事，在後面的章節中我們會在詳細解說事件風暴的玩法。

從工作故事中產生活動

我們從將工作故事（job story）中找出活動開始，目標是找出那些為達成目的所需要的活動。

以 JSON 書屋為例，在第 3 章的表 3.2 中，編號 4 的工作故事是下單，將它展開成為活動的範例於表 4.1。

活動用於表示較高階的行為，一個活動通常還可以拆解成多個步驟，在產生活動的環節中也可能提早分析出某些步驟，因此我們將這些步驟歸納至各自的活動中，留待下一環節使用。

將活動解構成步驟

活動可以再分解成更細的步驟，步驟是較細粒度的工項，它是可以被一個人獨力搞定的工項，如果發現某個工項無法被獨力完成，那麼就表示它需要被再次解構成更小的步驟。

從活動解構出步驟需要對 API 與需求有深入的了解，而這需要藉助外部領域專家（subject matter expert，SME）的專業知識，因此在我們的 API 設計流程中必須要有外部專家共同參與設計，如果沒有外部專家，可以在用戶中尋找適合的人選擔任。在把活動解構成步驟時，務必確保對活動的動機、情境、問題有足夠的理解，讓每個步驟都是明確的、不存在任何假設的。

表 4.1　JSON 書屋的工作故事「下單」所產生的活動範例

數位能力	活動	人員	說明
下訂單	瀏覽書籍	用戶	瀏覽或搜尋書籍
下訂單	購買書籍	用戶、客服	用戶將商品加入購物車
下訂單	建立訂單	用戶、客服	用戶對購物車下訂單

表 4.2　JSON 書屋的步驟範例

數位能力	活動	步驟	人員	說明
下訂單	瀏覽書籍	列出書單	用戶、客服	依分類或出版日期列出書單
下訂單	瀏覽書籍	搜尋	用戶、客服	依作者或書名搜尋
下訂單	瀏覽書籍	檢視書籍詳情	用戶、客服	檢視一本書的商品詳情
下訂單	購買書籍	將書籍加入購物車	用戶、客服	將書籍加入用戶的購物車
下訂單	購買書籍	將書籍自購物車移除	用戶、客服	將書籍自用戶的購物車移除

數位能力	活動	步驟	人員	說明
下訂單	購買書籍	清空購物車	用戶、客服	將用戶購物車的全部品項移除
下訂單	購買書籍	檢視購物車	用戶、客服	檢視當前購物車的品項及小計
下訂單	建立訂單	結帳	用戶、客服	將購物車商品建立成訂單
下訂單	建立訂單	付款	用戶、客服	將訂單付款

表 4.2 是再把 JSON 書屋的活動展開成步驟的範例。

有時候一個活動可以解構成多個步驟，而有時候一個活動無法再分解成更細的步驟，這兩種情況都是正常的，畢竟每個活動的複雜度有所差異。

仿照上面的作法，將每張工作故事逐一解構成活動與步驟，其中如果有不明確之處，可以諮詢外部專家，釐清問題並確定對事物沒有任何的誤解，完成之後，我們將在第五章使用這些資訊來進行 API 設計。如果難以辨識出具體的活動與步驟，那下文有處理的辦法。完整的活動與步驟範例可參見 GitHub[1]。

如果需求不明確呢？

表 4.1 與表 4.2 是活動與步驟的範例，對多數有網購經驗的人來說應該都很好理解，然而某些時候我們對專案領域不那麼熟悉，就需要採取進一步的措施協助我們去了解，下面我們會介紹事件風暴（EventStorming），這是一種能幫助我們對事物取得理解與共識的方法。

利用事件風暴求出共識

事件風暴（EventStorming）[2] 是一種團體活動，它將一個未知領域的各個層面，商業流程、需求、事件等以具象化的方式呈現，並透過一系列的活動，使成員們凝聚共識。事件風暴是由 Alberto Brandolini 所設計，曾被用於世界各地的各大企業組織內，並且成功的為他們的團隊建立起一致的共識。

1　https://bit.ly/align-define-design-examples
2　https://www.eventstorming.com

作為一種團體活動，事件風暴可以在實體舉行也可以在遠端舉行，然而如果要得到最佳的互動效果建議還是用實體的方式舉辦。活動的舉辦需要有一位主辦人兼主持人，他負責引導活動的進行，而其他人負責參與活動，參與活動時請積極的表達自己的看法、提出疑問，最終獲得對新領域的認識與理解。

事件風暴並非那種增進軟體開發技術層面的活動，它增進的是我們對某個特定領域的知識及共識，讓團隊具備共同的知識之後，再各自帶入軟體或 API 設計中，最終獲得高度一致的成品。

案例研究
事件風暴應用在跨國轉帳業務

這則案例來自一間從事跨國轉帳業務的公司，他們的開發團隊對自身經手的轉帳機制相當熟悉，但是想要更深入了解轉帳的內部運作機制，決定藉由事件風暴深入探索整個轉帳的行為。

他們從工作故事開始，用工作故事記錄所有的用戶需求，篩選掉一些與活動目的無關的部分後，其餘的工作故事將在事件風暴中被深入展開，被選上的參加者會以遠端的方式參加這次的事件風暴。

透過這次的事件風暴，他們獲得了下面幾項好處：

1. 團隊的一致性提高了，他們對國際轉帳業務的流程都有了一致性的認知了

2. 也釐清了某些關於基本的商業政策方面的疑問

3. 描述事物的用語被統一了，也就是 DDD 所說的「通用語言」（ubiquitous language），更淺白的說法就是使行話或黑話變成白話。

其中最有價值的是他們終於搞懂了貨幣匯兌的規則，匯兌在以往就像個黑盒子，沒人真正搞懂轉帳時該何時做匯兌，到底是先匯兌再轉帳？還是先轉帳再匯兌？種種的模糊地帶終於在這次的事件風暴中被解開了，雖然仍然有部分未解之處，但他們將會邀請外部專家一同參加下一次的活動，這將能為他們解開剩下的謎團。

隨著對自身業務領域認識的加深，他們也明白到一場事件風暴沒有辦法得到全部的解答，他們決定先行暫停，等到有更多情報後再進行一次事件風暴，也決

定暫時不對外發布第一版的 API，直到所有的疑問都被釐清，並且明白用戶的真實需求是什麼之後。

在導入事件風暴前，因為缺少讓全團隊建立共識的機制，開發團隊以他們以為的方式實作了匯兌流程，直到後期才發現「他們的以為不是他們的以為」，於是只好趕工重構，這不僅埋下了技術債，又拖延了進度，幾乎沒有任何好處，直到經歷過後才明白事件風暴能為他們帶來的好處。

事件風暴怎麼玩？

事件風暴（EventStorming）需要成員共同的參與，首先需要一位主辦人，他負責引導活動的進行與聚焦，避免討論過度發散，如果是在實體舉辦，那需要一面夠大的牆面或白板，在牆面貼上一張足夠大的壁報紙，我們稱之為「事件風暴看板」，還要準備各種顏色的便利貼，如果是遠端活動，那需要一個類似的虛擬空間。

事件風暴的進行有五大步驟，隨著活動的推進，成員們對事物的理解也隨之深入，並且也可釐清那些事物中模糊的地帶，最終我們會產出一系列的活動與步驟，我們將在第 5 章利用這些活動與步驟來界定出 API 的範圍與邊界。

第一步：區分領域事件

時間：30 至 60 分鐘

事件風暴的第一步是區分工作故事中的領域事件（business domain event），每個人用便利貼（習慣上是橘色）寫上領域事件，貼在看板上。（Brandolini 建議用不同顏色的便利貼區分不同的用途，用途與顏色參見「第四步：補充領域資訊」）

在描述領域事件時，總是使用過去式，表示事件是已發生的，剛開始可能有些人對用過去式不習慣，主辦人可以適時協助他們，在後面的過程中，我們會了解到用過去式的原因所在，表 4.3 是幾個改用過去式的例子，可以作為參考。

這個步驟要執行兩次，每次 15 至 30 分鐘，如果是範圍更大的題目，可以跑更多次，跑完之後應該會有一大堆便利貼在看板上，之後我們會將它們做進一步梳理。

在活動進行的初期，大家很容易就以為自己已經完整地找出所有的事件，但往往此時事件與事件間的關係可能其實是模糊的、重疊的，或是根本沒有前後關係的，這時主持人可以點出那些未梳理清楚的盲點，要大家再次從頭到尾逐一的理清與補充每張便利貼的因果關係，直到每張便利貼都清楚明確，沒有任何曖昧之處。

圖 4.2 展示了便利貼蒐集完領域事件後的樣貌，這些事件來自第 3 章的 JSON 書屋表 3.2 的第一至四號的工作故事。

這一過程結束後，可以稍作休息，準備前往下一個步驟。

第二步：建立事件敘述

時間：90 至 120 分鐘

接下來，將便利貼依照事件發生的順序重新整理，去掉重複的便利貼，以及確認便利貼上的敘述是清楚的。

表 4.3　用過去式敘述領域事件的範例

避免使用	建議使用
用戶認證成功	用戶已認證
下訂單	已被下的訂單
列印出貨標籤	已列印的出貨標籤

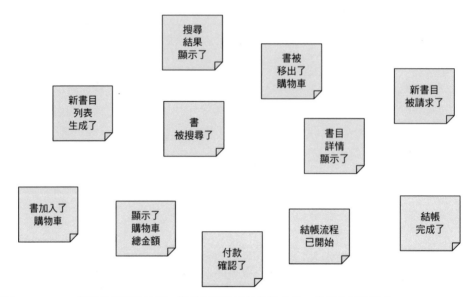

圖 4.2　JSON 書屋的便利貼範例，這些便利貼用於敘述事件，後續會再行梳理。

主辦人要要求所有人都確定每張便利貼上的敘述都是絕對明確的，沒有疑問的，之後將便利貼依照事件發生的時間順序一一貼在看板上，還要在便利貼之間留下足夠的空間，以便之後能插入更多的便利貼。

在這一步中最常看到的問題是事件開始產生分支，為了避免過度發散，此時應該要選擇一條主要的路線作為後續活動進行之用，其他的分支可以擺在主線的下方，作為參考。

圖 4.3 展示了梳理後的便利貼與故事線。

這個梳理的過程看似簡單，實際上會花到一兩個小時，過程中會湧現許多的討論，如果有某幾張便利貼難以取得定論，可以暫時先轉向 45 度，暫時跳過它們，等到故事線大致完成後再回過頭檢討那些 45 度的便利貼，直到故事線完整為止，如果直到最後還是有幾張懸而未決且當下也難以做出裁決的便利貼，可以改用粉紅色的便利貼將它們標示為熱點（hotspot），留待後續處理。

圖 4.3 將 JSON 書屋的便利貼依照順序整理出故事線

第三步：回顧事件敘述與劃分事件範圍

時間：60 至 90 分鐘

依照時間順序整理和分類完便利貼之後，為了確保沒有任何遺漏的部分，派人從頭到尾說一遍所有的便利貼，如果途中發現還是有遺漏的、不清楚的立刻補正，這也是我們需要一塊大白板甚至是牆面的原因，要有足夠的空間才夠貼上這麼多便利貼。

在回顧的同時，也要把所有出現的詞彙做統一，詞彙固定下來之後，才有辦法用一致的詞彙及一致的語境在後續的 ADDR 流程中作一致的描述。圖 4.4 是便利貼的範例，裡面記載著幾個被明確定義的詞彙，在統一的詞彙訂定之後，將所有便利貼的舊有詞彙做修正。

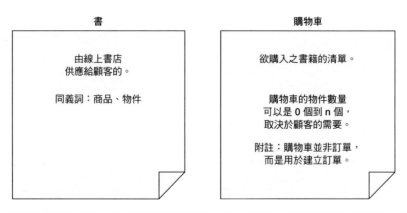

圖 4.4　兩張便利貼的範例，裡面寫著詞彙的定義，建立起統一的語彙與共同的理解，有利於後續的設計流程。

在這一步驟中隨著回顧的進行，不同便利貼之間的模糊地帶也會再次浮現，在現場釐清、劃分乾淨之後，每張便利貼應該都是明確、清楚、沒有重疊的，這整個回顧的過程我們預計至少要一個小時。

第四步：補充領域資訊

時間：30 至 60 分鐘

在完成上一步的回顧後，這一步我們用其他顏色的便利貼來補完其他資訊，請參見圖 4.5 JSON 書屋的下單工作故事範例，範例中可以看到用了其他顏色的便利貼來附加更多資訊。

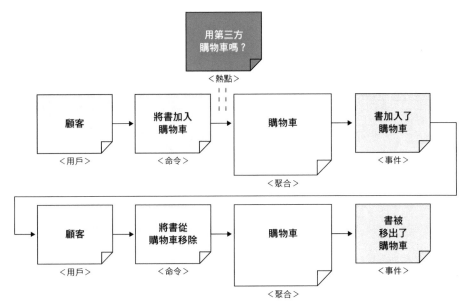

圖 **4.5** JSON 書屋的下單工作故事的便利貼，在領域事件之外，也用了其他顏色的便利貼分別代表用戶、命令、聚合（aggregate）等資訊，還有一張標註為「熱點」（hotspot）的便利貼，表示尚未澄清的疑問。

我們用不同顏色的便利貼表示不同的用途，下面是便利貼顏色與用途的對照清單：

- **領域事件（business event）（橘色）**：在某個行為（action）或政策（policy）操作之後產生的結果，表示流程的推進。

- **熱點（hotspot）（亮粉紅色）**：目前無解、暫時擱置而需要近一步分析的問題。

- **命令（command）（深藍色）**：由用戶或系統自身採取的行動。

- **聚合（aggregate）（淡黃色）**：指的是流程中某些相關事物的集合，例如一個購物車及其內的商品可以視為一個購物車聚合，或者一筆訂單及其內的商品可以視為訂單聚合，聚合的立意是將這些獨立但有相關性的細碎物件集中在一起並抽象化，讓人們更好在巨觀的視角中指涉這一整個群體，而不用展開到聚合內的子物件。在事件風暴中，聚合除了可用於表示事物的集合外，聚合也可以用於表示流程、狀態、行為的集合。

- **政策（policy）（紫色）：** 觸發下一個命令的必要事件，用於銜接前後的事件或命令，政策的敘述通常以「當…」、「每當…」開頭。

- **外部系統（external system）（淺粉紅色）：** 外部系統可以是外部團隊的系統或是外部組織的系統，可以把外部系統視為外部的聚合，例如外部金流系統，我們會用一張淺粉紅便利貼作為代表，不用去深入鑽研外部金流裡面的運作機制。

- **UI（白色）：** 讓用戶透過 UI 對系統下達命令。

- **用戶（黃色，小便利貼）：** 與系統互動的個體，通常是 UI 前面的用戶，但也可以是其他自動化機制，如電話、email 等。

開始用以上各種便利貼為我們的故事線添加更多資訊，首先貼上藍色的「命令」，可以從事件往回推衍找出使事件發生的行動；命令之後貼上淡黃色的「聚合」，可以根據命令判斷後方接收命令的聚合實體；最後貼上紫色的「政策」，找出故事線中我們會以「當…」開頭的情節，剩下如果有懸而未決的疑難點，則貼上亮粉紅色的「熱點」。

第五步：回顧最終的事件敘述

時間：30 分鐘

最後我們再來回顧一次全部的便利貼，先從頭走到尾，再從尾走到頭，逐一確認每張便利貼沒有任何遺漏的部分，重要的事件與觸發條件都有被正確的標示，參見圖 4.6 下單工作故事的範例，此範例顯示了完整的事件風暴便利貼樣貌，隨著便利貼的完整，所有參加者對下單的認識也更加完整。

完成事件風暴後，妥善收納看板，未來有疑問的時候可以再拿出來回顧，也可以把看板照相留存後分享給大家。如果辦公室或會議室夠大，也可以把看板放上去，方便團隊後續討論或回顧，如果看板是用 Miro[3] 這類數位式的協作工具，可以匯出成 PDF 或圖檔，放在專案的共享資料夾中，當作專案文件的一部分。

最後，根據本章最前面提到的作法，產生出事件與步驟清單。

---

3   https://miro.com

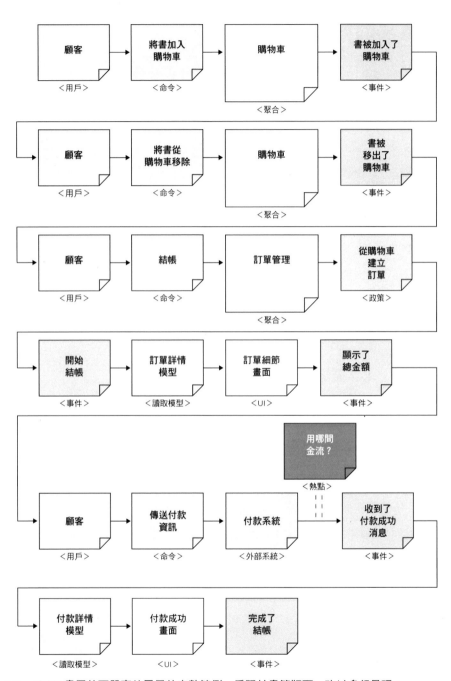

圖 4.6　JSON 書屋的下單事件風暴的完整範例，受限於書籍版面，改以多行呈現。

事件風暴的好處

成員們藉由參與事件風暴（EventStorming）活動對目標領域建立了共同的理解，議題中那些未知的部分也因此獲得明確的答案，而每個人也都透過參與這樣的活動而有機會表達自己的看法，同時也獲得了樂趣。

這裡整理了事件風暴能為我們帶來的五個好處：

1. 將問題建立成模型，利用問題模型建立成員對需求與範圍的共同理解。

2. 透過事件風暴，建立成員對工作流程、商業規則、主客觀環境限制的共同理解。

3. 建立一致性的詞彙，每個詞彙定義都經過大家的討論與認同，減少誤解，增加溝通效率。

4. 讓我們能在實際的設計與開發進行之前，先對更原始的需求與動機做一次梳理。

5. 讓我們能找出事件的邊界、界定事件的範圍，後面的 API 設計將會依照此處找出的邊界與範圍進行分類，分類後可交由不同的小組各自平行展開實作，小組間不會成為彼此的絆腳石，降低依賴，提高效率。

要舉辦一場成功的事件風暴，可以參考下面的建議：

• 在 API 或微服務開始設計或實作前舉辦，才有機會將客戶導向的思維導入 API 設計中。

• 在軟體開始設計或實作前舉辦，才有機會驗證假設與釐清疑問。

• 先使用第 3 章的工作故事整理出用戶的需求與動機，再舉辦事件風暴。

• 所有的角色都要參與，不要有人落隊。

• 事件風暴的議題規模大小必須至少是團隊級的，個人級的問題過小，突顯不出事件風暴的好處。

如果想避免一場失敗的事件風暴，或者想要一場高效率、不拖泥帶水的事件風暴，那要考量到下面幾點：

• 最好每位參加者都對要事件風暴的議題有一定的熟悉度，並且最好有該主題現行的標準文件，能在活動中作為參考資料，也能用於事後的互相驗證。

- 事件風暴要展開的議題規模也不要大到不著邊際，有限的規模才有可能在有限的人力和時間內克服有限的問題。

- 如果連問題的根本需求都還不明確，那先用第 3 章的工作故事調查出用戶的動機、情境、需求是哪些。

- 要得到非技術團隊的支持與參與，儘管技術團隊也可以自己在角落玩事件風暴，但活動中的觀點將大量偏向技術面，獲得的共識也僅是技術團隊的共識，無法做到全組織的一致性。

- 對於已經開始交付的，或是交期已經逼近的軟體，建議不要跑事件風暴，那無法帶來任何好處，除非還在較前期、較有餘裕的時間點上，才建議跑事件風暴來調整原有的設計。

誰應該來玩？

要舉辦一場成功的事件風暴，正確的人員是不可或缺的，最好有來自專案中各個角色的代表，另外也最好不要超過十二個人，避免討論過度發散，並確保進度的推進，如果專案人數眾多，那可以挑選比較勇於表達意見的成員參加。

如果認為有必要納入更多成員，那可以視具體情況而定，一般來說會盡量避免過多的成員參與，以避免過於發散的討論讓活動顯得失焦又冗長，一旦變得冗長，就會有人開始滑手機、打遊戲，此外更多的人也意味著需要更大、更難準備的空間，所以我們對人數的限定不僅是指參加者，也建議不要有其他來湊熱鬧的，讓事件風暴變成菜市場只會讓人更加分心。

在挑選成員時，可以參考下面的優先建議：

1. 企業主，包括能為產品企劃下決策的產品經理、產品負責人等

2. 外部領域專家、對目標領域有深度了解的人士

3. 技術負責人、架構師、資深開發、任何技術部門的主管級人士

4. 安全專家，特別是專案有牽扯到個資時

5. 根據個案需求，也可邀請未參與決策的第一線開發者一同參加

舉辦一場事件風暴

主辦人最好是對事件風暴（EventStorming）熟悉的人，才能比較有效的帶領大家完成活動的每個流程，以及確保大家積極參與活動的進行。

活動進行時，手機的各種電話、郵件、訊息等會導致分心的通知建議都關閉，如果是遠端活動，那只會有更多的分心因子，主辦人必須能夠掌握節奏與玩家的專注力，才能確保活動的順利推進。

在討論進行時，主辦人要注意討論的話題是否已經失焦或淪為無意義的爭執，必要時介入讓話題重新聚焦，無法立即獲得共識的問題可以用熱點（hotspot）便利貼標示，否則一旦爭論蔓延，爭論就會越來越針鋒相對，而其他人就開始坐板凳看戲。

因為事件風暴是相對較新的活動，比較難找到有經驗的主辦人，下面是幾個我們給主辦人的建議。

準備：準備道具

如果是實體活動，需要的道具請事先準備好，最好不要當天才準備，否則難保沒有遺漏。

活動需要大量的各式不同顏色的便利貼，一般最常用到的是橘色，橘色的數量盡可能多準備一些，通常在文具店都可以找到盒裝的大份量便利貼，就很適合用來玩事件風暴，當然也不一定要橘色，可以用自己喜歡的顏色。如果您選了與習慣上不同的顏色，這對大說數的新手來說沒有影響，因為他們不存在「哪個顏色是幹嘛」的概念，但對玩過的人來說可能會覺得「怪怪的」，這時可以請他們下次參加時，自行攜帶足夠的橘色，省去不必要的爭議。

還要有一面夠大的白板或牆面，貼上一張夠大的壁報紙，大小要足夠貼上所有的便利貼，有些人也會用很多張 45 到 60 公分的紙拼成兩三行的方式操作，這也是可以的。

便利貼的顏色與用途必須有清楚的告示，才能確保每個人都知道什麼時候該拿什麼顏色的便利貼，可以事先做一張海報寫明所有顏色的用途與範例（例如橘色是「領域事件」），可參照圖 4.7 的範例。

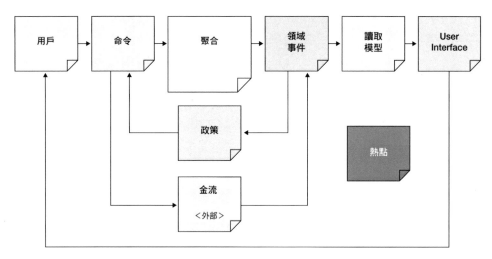

圖 **4.7**　便利貼與用途的示例，讓所有人都知道該用哪種顏色的便利貼。

準備幾支夠粗的麥克筆，讓便利貼上的字即使是離得遠的人也能清楚的看見，麥克筆的數量最好至少一人一支，讓每個人都有表達的機會，同時減少四處找筆的時間，增加效率。

如果是遠端舉辦，可以選用線上白板型的工具，或者也可以開可協作的線上文件共同編輯，改用文字顏色取代便利貼，不論用哪種方式，最好都在活動前實際試用過，確保工具符合活動與成員的需求，也避免活動開始才手忙腳亂的窘境。

分享：事前說明

想要一場成功的事件風暴，那事前的說明與事後的回顧是必不可少的，下面是幾項我們建議主辦人可以在活動前與大家說明的相關事項：

- **產品經理一定要參加**：一定要有產品負責人／產品經理參與活動，如果整場都只有搞開發的人參加，那焦點就只會是技術層面的東西，也喪失了建立共識的立意，只會加劇團隊內的分歧。

- **介紹活動的目的與範圍**：事先介紹本次活動的目的、範圍，避免參加者不知為何而來，一個活動能成功的基礎是有對的人和對的基本認知。

- **建立共同的目標：** 不明確或過度的期待會讓活動的成效變差，最好事先說明活動的流程與期望的成果為何，以讓所有成員做好心理建設。
- **確保尚未開始 API 設計：** 一旦已經開始進行 API 設計，那成員們就會開始無視事件風暴活動與活動的意義，而更傾向使用他們既有做法，如此就算硬玩也無法獲得任何有意義的成果，如果真的要在這種情況下舉辦，那務必確保每個人都有意願參加，也都有意願認真看待事件風暴與活動後的結果。
- **強調事件風暴的好處：** 時時提醒大家事件風暴帶給他們的好處，以及事件風暴在 API 設計流程中是多麼棒的活動，能讓他們真正的去理清一件事的完整脈絡，而不只是場上級交代的團康活動。

在活動開始前，再一次檢討所有前置作業，確保活動順利進行。

執行：開始執行

活動開始的第一步是先快速回顧活動舉辦的目的及活動的流程，如果有人是首次參加的新手，他們可能不太知道要怎麼玩，主辦人要適時的介入引導他們。

一開始由主辦人先做一次示範，將一個領域事件以過去式的時態寫下，貼到時間軸上適當的位置，示範完畢後，開始由玩家自行操作，寫下便利貼，貼上看板。

為新手成員說明活動的每個環節，對新手玩家來說，他們可能不太明白活動的流程與目的，主辦人得花點時間，讓他們了解事件風暴的每個步驟其意義何在。

總結：找出活動與步驟

遊戲結束後，把每張便利貼都拍照存檔，確定每張照片內的字跡都是清楚的，否則請重拍，拍完後分享給大家。

如果要把整個看板拍下來，可以用相機的全景模式，或者分別拍下再後製拼貼，如果有必要，也可以把整張看板與便利貼收納留存。

如果是遠端舉辦的事件風暴，可以善用一些像 Miro 這類的線上白板工具，在活動結束後把畫面匯出成 PDF 或圖檔，或者也可以用線上版的文書 app，像是 Google Docs、SharePoint 內的 Word 等等，可以用文字著色功能取代便利貼，都可以達到與實體活動類似的效果。

最後，用本章最初提過的方法，將事件風暴看板上的每張便利貼，解構成各自的活動與步驟。

後續：活動後的建議

在活動結束的兩天內，主辦人要再次寄信給所有的參加者，表達對他們參加的感謝，以及分享活動照片的位置，也可以附上問卷蒐集大家對活動的滿意度與建言，讓往後的活動更加流暢。

在活動結束的兩週內，主辦人要再次寄出第二封信，詢問活動帶給他們的成效是否有幫助，如果有任何疑難之處，可以再安排一場會議進一步討論。

最後，寫一份案例報告作為活動總結，裡面附上參加者對活動的感言，這有助於增進大家對事件風暴活動的認知、強化團隊的向心力，也讓大家更樂於參與往後的活動。

調整活動流程

事件風暴作為一個透過團隊參與來建立對新領域的認知的工具，我們可以根據自身的需求對遊戲做一些調整，Brandolini 列出了下面這些可以適當調整的項目：

- **改用三行式佈局：**原本的流程是所有的便利貼都共用一條主時間線，可以改為三行式的佈局，初次寫下的領域事件貼在第一行，在做整理時再將整理後的便利貼移到第二行，而原本第一行的空間可用來貼之後產生的那些額外的便利貼，而第三行則用來當作「保留區」，收納那些被剔除的、重複的便利貼。改用三行式的佈局就不再需要準備一張超大號的紙了，只要有大約 30 公分高的紙排成三列就可以讓遊戲玩起來。

- **45 度角貼便利貼：**當某張便利貼的內容不是那麼確定，還有所疑問時，任何人都可以把它貼在 45 度角的位置，這可以讓所有人都知道這張便利貼還有待釐清，直到全部的便利貼都不在 45 度角時，再進入下一個階段。

- **分多場次舉辦：**如果是遠端進行的活動，相較於實體活動，參加者更容易感到疲倦分神，我們可以把一場事件風暴活動分割成以兩個小時為單位的多場次活動，在每一場之間休息一個小時，如果有必要，在確定參加者都會出席的情況下，也可以分為兩天舉辦。

- **多位主辦人：**活動也可以以多人主持的方式進行，主辦人在活動的進行中可以分派任務給其他副手，每個副手負責流程中的一部分，可以是引導玩家發言，也可以是確保沒有人在偷滑手機，在幾次的活動之間，讓每個人都有機會分擔一部分主持人的責任，如此可以讓大家對事件風暴的參與度更高，也有機會培養更多的種子主辦人。

總結

公司組織要進入某個特定的商業領域，我們必須先對它有足夠深入的了解，再將理解轉化成具體的活動與步驟，並在這一系列的過程中凝聚團隊對專案的共識，而事件風暴，它是一種需要大家共同參與的團體活動，我們用事件風暴的進行以及外部專家的幫助，協助我們建立起對該領域的共同認知與目標。

在後續的章節裡，我們會談到在規劃 API 產品或 API 平台時，必須要考慮到的 API 範圍與邊界的問題。

Part III

定義 API

到目前為止，透過工作故事我們已經可以知道用戶的需求以及所需要的數位能力，而相關的活動也可以透過事件風暴的實施而取得，這些都是在目標導向與用戶導向的基礎之下的行動，我們的團隊也透過這些行動取得了對用戶需求與商業目標的共識。

經過了前面章節之後，下一步要做的是列出候選 API 清單，與設定每支 API 各自的負責範圍，在前面的章節中，我們用事件風暴得到每個需求之下的活動與步驟，在本章節中我們將接續為它們定義出各自的範圍與邊界，並在 API 的設計上遵循這些範圍與邊界，最終產生出 API profile。

API profile 指的是一支 API 的高階設計細節，所有與一支 API 相關的資訊、操作等都會載於其中，後續的 API 高階設計也將會以 API profile 為基礎，並且一如以往的，在制定 API profile 時，依然是以目標導向與用戶導向作為我們的最高指導原則。

第五章

界定 API 邊界

對一個大型系統而言,追求對它的領域模型完全統一是不可行的、不具有成本
效益的。

—Eric Evans,《Domain-Driven Design》

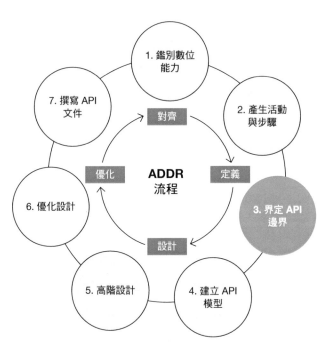

圖 **5.1** 定義階段的第一步:界定 API 邊界。

每支 API 在開發者心中都會形成它特有的心智模型,這指的是開發者對一支 API 的
理解,包括對它的概念、目的、效果、用法等各層面的理解,而對 API 設計方而
言,為 API 建立明確清晰的範圍與邊界,開發者心中也會形成更明確清晰的心智模

型，這帶給他們的是更快更好的使用體驗。藉由來自 DDD（domain-driven design，領域驅動設計）的邊界識別方法，可以幫助我們有效的為 API 劃分各自的範圍與邊界。（參見圖 5.1）

在第 4 章「產生活動與步驟」中，我們已經取得 API 設計所需要的活動與步驟，這些活動與步驟將協助我們找出 API 的範圍與邊界，在第 3 章「鑑別數位能力」中，我們也了解到 API 代表的是組織的數位能力在程式上的實現，而在本章的範圍與邊界流程開始之前，我們先來看看那些會帶來的反效果的不良模式有哪些。

避免 API 邊界的反模式

釐清 API 的目的與範圍是重要的，清楚的範圍讓我們知道該選用哪一支 API 來解決問題，而範圍模糊的 API 則有可能是來自於下面這些反模式（antipattern）。

超級多合一 API 反模式

即使是對 API 設計很有經驗的人，也很難決定到底要設計幾支 API，到底哪些特性該合併成一支 API，哪些又該切分開來。

有的人試圖設計出一種超級多合一式的 API，企圖用一支 API 解決全部的問題，然而這種超肥的 API 只會讓開發者感到疑惑與挫折，他們往往要讀完全部的文件才知道該如何上手；與之相對的另一個極端是超級細碎的 API 設計，雖然是完全不同的兩個極端，不過結果是類似的，開發者一樣要看過超多支 API 的文件才知道哪幾支是他要的，想要避免上面兩種極端問題，讓開發者有良好的體驗，能快速上手我們的 API 產品，那麼對 API 的功能或範圍做大小適中的劃分就是個重要的課題。

超載 API 反模式

如果企業組織旗下有多個產品，他們通常會想要讓 API 能同時支援那多個產品，例如一支完美的 Accounts API，能提供超級完整的帳戶資訊，或者一支完美的 Customer API，能提供超級完整的用戶資訊，然而理想很豐滿，現實很骨感，「完美的」API 往往落得什麼都想做，卻什麼都做不好的下場。

以本書的 JSON 書屋為例，「書」可能橫跨好幾種場景：

- 書可以是商品，它存在於各個分類，它可以被購買

- 書也可以是存在於倉庫中的庫存品

- 書可以被加入購物車

- 書也可以被加入訂單

- 書還可以作為出貨訂單的一部分

如果試圖以書為主體做一支完美的 Books API，既可以用在商品又可以用在銷售，那可以預見將會是場災難，只要與書扯上邊的模組一改版，那所有牽連到的模組通通都要跟著改版，長久下來每支 API 都變成互相盤根錯節的怪物，不僅維護難度大幅提高，也只會帶給外部開發者糟糕的體驗。

然而在某些大型組織中，他們可能就傾向規劃出這種不良的分工模式，由一個小組負責所有與書有關的 Books API，他們以為這是一種高內聚，但這其實是一種高耦合，一旦小組的 Books API 有技術或時程上的問題，那它將成為整個系統的瓶頸，整個案子都因此被卡住，全公司就等他們把 Books API 搞定。

相對於這種反模式，在我們設計中會把書依照不同的應用範圍進一步切分，例如可以有一支 Books Catalog API，專職負責書本與分類相關的事務，而它裡面放的屬性，例如書籍介紹、作者資料、封面圖片、試讀章節等等，也只存在於這支 API 身上，其他與書有關的 API 不需要和那些屬性產生糾葛，而其他的應用如果有需要，當然還是可以透過這支 API 取得想要的資料。

零散小工具 API 反模式

幾乎每個團隊都會有自己開發的小工具，他們就像方便又實用的免洗筷，總是零零星星的出現在專案的某些角落，需要的時候就來一支，也通常會被集中在某個模組內（例如 `com.mycompany.util`）。

而有些 API 與那些零散小工具有著共同的特性，它們可能被用在各個地方，但問題是外部的開發者很難知道到底什麼時候該用上哪支小工具，這同樣導致了開發體驗的低落，另外一個問題是，這些零零散散的小 API 又不夠有規模去組織或整合起來，而這些問題的根本原因，也是因為在 API 的定義階段，沒有對 API 做出適度的範圍劃分所導致的。

有界語境、子領域與 API

為 API 劃分範圍的目的是，在同一個範圍內的 API，他們使用統一的語彙，將這些來自外部領域的語彙統一之後，可以讓團隊內的溝通成本降低，不會出現「我不懂你的明白」的問題，站在 Web API 的技術角度來說，同一個範圍內的 API 可以提供共同的介面或操作，對外部開發者而言也同樣享有共同語境的優點，而對內部的 API 設計團隊而言，同樣範圍內的 API 可以由一個小組負責，他們也享受到共同語境的優點，API 本身也可以獲得更好的可維護性。

將 API 依照用途劃分範圍的好處多多，對 API 設計團隊而言，他們可以根據 API 的範圍指派不同的小組負責進行開發，並且由於 API 已經經過適度的劃分，小組間的工作不太會互相依賴，也降低了小組互相成為絆腳石的問題；對外部開發者而言，他們只需要閱讀有限範圍的文件即可，因此能加快他們的上手速度；對文件而言，同一範圍內的 API 使用共同的語彙以及共同的涵義，可避免發生「你的以為不是你的以為」的誤解；對較複雜的專案來說，可能會有多層次的 API 範圍，形成大 API 模組內的小 API 的架構。隨著內外在環境的變化，API 的範圍與邊界也可能需要隨之調整，以因應市場的變化。

對於 API 的分類、範圍、邊界之類的問題，大部分的團隊都缺乏一種有系統的作法，他們大多是採取摸著石頭過河，或者更勇敢的頭過身就過大法，常常是一支新的 API 開發到一半，才想到它與其他 API 之間的定位區隔問題，稍微好一點的會依照後端的資料模型做分類，然而這些都不是真正有效的做法，本章節將告訴讀者如何在 API 的劃分上做有效的超前部署，後面我們分別會介紹以事件風暴為基礎的劃分原則，以及以活動與步驟為基礎的劃分原則，利用前面章節的產出運用在本章的 API 劃分的課題上。

關於 API 邊界與 DDD

本章會談到許多來自 DDD 的概念，但也希望能對那些尚未導入 DDD 的組織有幫助。

我們試圖讓本章的內容站在一個介於有 DDD 與無 DDD 之間的平衡點，讓那些還沒有跑 DDD 的團隊，不用先花時間搞懂艱澀的 DDD，就能透過本章的內容了解 DDD 的重點概念及感受到 DDD 的帶來的益處；然而對已經熟悉 DDD 的人來說，他們可能需要更多的 DDD 養分才足夠填滿他們對 DDD 的渴望。

對想要深入學習 DDD 的讀者，在此推薦由 Vaughn Vernon 所著的《Implementing Domain-Driven Design》[1]。

用事件風暴界定 API 邊界

在第四章的事件風暴（EventStorming）活動中，我們逐一的對便利貼中的每一則敘述的詞彙作出討論與統一，也連帶的凝聚了大家對一個領域在概念與實作上的共識，隨著上述共識的形成，成員們對 API 本身的範圍與邊界的概念也逐漸形成，參見圖 5.2，展示了詞彙一致成形的過程。

隨著使用流程的推進，每張便利貼的主要詞彙與語境也隨之改變，在詞彙與詞彙的轉變之間就可以找到我們所謂的語境的邊界，一旦語境的邊界確立，後續的 API 的範圍與邊界也隨之確立，在同一範圍內的 API，享有共同的語境，也享有共同的操作或其他特性。

有的人可能也會想用事件風暴中的聚合（aggregate）作為語境的基礎，這的確是個方法，但有時候卻並不適合，這取決於一個聚合本身的粒度，對於粒度過細的聚合，它的語境涵蓋範圍也必然是小的，這種情況可能與 API 語境的粒度難以匹配，對於聚合在判斷 API 邊界上的使用，得先確定他們之間的粒度大小是相當的，才比較適用。

當事件風暴被應用在某些極小範圍的領域時，因為範圍過小，可能難以找出一個以上的語境，除了這種極端狀況，大部分的事件風暴應該都可以界定出兩個以上的語境範圍。

圖 5.3 展示了三個不同的語境的範例，每個語境的範圍也可以作為一支 API 的範圍。

1　Vaughn Vernon, Implementing Domain-Driven Design (Boston: Addison-Wesley, 2013).

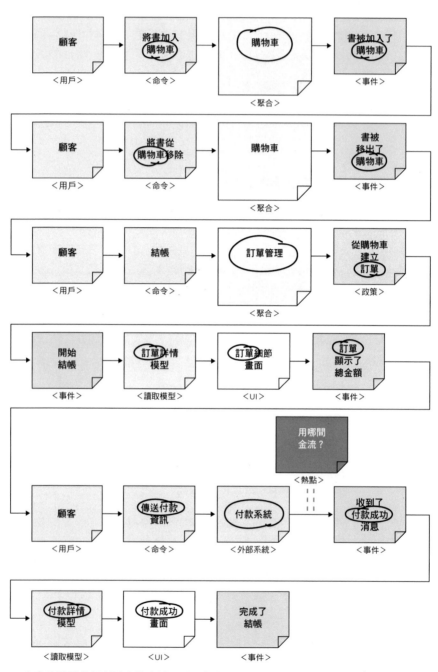

圖 5.2 在事件風暴的便利貼中找出統一的詞彙與概念

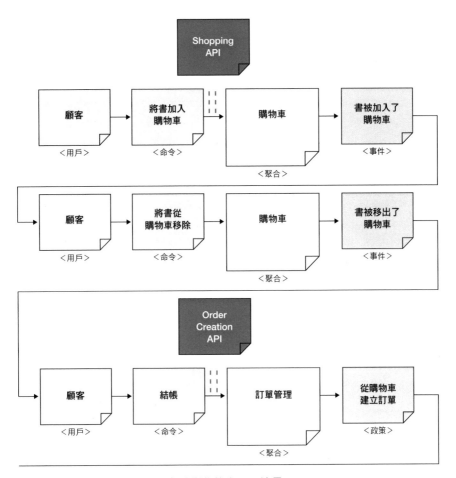

圖 5.3　利用事件風暴敘述中主要詞彙的變化找出 API 邊界

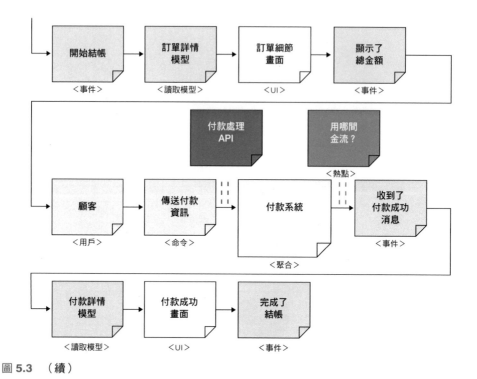

圖 5.3　（續）

用活動界定 API 邊界

不僅事件風暴可以幫助我們劃分 API，同樣在第四章提過的活動與步驟也同樣能協助我們劃分 API 邊界，在我們隨著外部領域專家一同回顧每一項活動／步驟時，將具有同樣概念或相關應用的 API 劃分在同一個範圍內，隨著回顧的進行，API 的範圍與邊界也隨之清晰。

與上節的模式類似，在每一個活動與步驟的敘述中，通常用了形式類似的構句，我們要注意的是主要名詞的變化，主要名詞的變化通常也意味著語境的變化，而語境的變化通常也被我們用於判斷 API 的邊界與範圍，儘管相較於事件風暴，用活動與步驟判斷語境和邊界的方式稍微不那麼直覺，但它依然是個有效的方法。

案例可以參照表 5.1，這是將原本表 4.2 以詞彙的轉變切分出語境之後的結果，從書籍，到購物車，再到訂單與付款，利用詞彙的變化來判斷語境的邊界。

API 的命名與範圍

接下來，我們將為那些已經劃出範圍的 API 命名，在命名的原則上，我們可以用它們的範圍、應用、受眾當作取名的方向，例如 Twitter 的 Followers API 或是 eBay 的 Seller API，都是這類典型的例子，避免用那些過於通用的名稱，像是什麼 *service* 或 *manager* 之類的，他們很難讓人直覺的意會到 API 的角色與用途。

表 5.1　JSON 書屋的步驟範例，並以語境的轉變做出分隔。

數位能力	活動	步驟	人員	說明
下訂單	瀏覽書籍	列出書單	用戶、客服	依分類或出版日期列出書單
下訂單	瀏覽書籍	搜尋	用戶、客服	依作者或書名搜尋
下訂單	瀏覽書籍	檢視書籍詳情	用戶、客服	檢視一本書的商品詳情
下訂單	購買書籍	將書籍加入購物車	用戶、客服	將書籍加入用戶的購物車
下訂單	購買書籍	將書籍自購物車移除	用戶、客服	將書籍自用戶的購物車移除
下訂單	購買書籍	清空購物車	用戶、客服	將用戶購物車的全部品項移除
下訂單	購買書籍	檢視購物車	用戶、客服	檢視當前購物車的品項及小計
下訂單	建立訂單	結帳	用戶、客服	將購物車商品建立成訂單
下訂單	建立訂單	付款	用戶、客服	將訂單付款

圖 5.3 的各支 API 分別以 Shopping API、Order Creation API、Payment Processing API 命名，這幾個都是很不錯的命名範例，用戶一眼就能知道他們是幹嘛的。

附註

在上面的案例中，有些人可能更傾向把訂單與付款合併成單一 API，感覺有更好的內聚性，本書因為教學需要所以將他們分開，此外，在某些較複雜的系統裡，把他們分開也是較好的選擇，擁有各自的範圍讓他們更能靈活的在系統中扮演各自的角色。

最後，將步驟根據所劃出的邊界，各自歸屬到相應的 API 中，表 5.2 為所有與 Shopping API 相關的步驟。

表 5.3 為結帳流程的範例，根據語境的邊界找出與結帳有關的步驟。

而表 5.4 則為付款流程的範例，同樣地，根據語境的邊界找出與付款有關的步驟。

表 **5.2**   藉由語境劃分以及步驟整理出的 JSON 書屋 Shopping API

數位能力	活動	步驟	人員	說明
下訂單	瀏覽書籍	列出書單	用戶、客服	依分類或出版日期列出書單
下訂單	瀏覽書籍	搜尋	用戶、客服	依作者或書名搜尋
下訂單	瀏覽書籍	檢視書籍詳情	用戶、客服	檢視一本書的商品詳情
下訂單	購買書籍	將書籍加入購物車	用戶、客服	將書籍加入用戶的購物車
下訂單	購買書籍	將書籍自購物車移除	用戶、客服	將書籍自用戶的購物車移除
下訂單	購買書籍	清空購物車	用戶、客服	將用戶購物車的全部品項移除
下訂單	購買書籍	檢視購物車	用戶、客服	檢視當前購物車的品項及小計
下訂單	建立訂單	結帳	用戶、客服	將購物車商品建立成訂單
下訂單	建立訂單	付款	用戶、客服	將訂單付款

表 **5.3**   Order Creation API 的範例，從步驟中根據語境的變化找出邊界。

數位能力	活動	步驟	人員	說明
下訂單	建立訂單	結帳	用戶、客服	將購物車商品建立成訂單

表 **5.4**   Payment Processing API 的範例，從步驟中根據語境的變化找出邊界。

數位能力	活動	步驟	人員	說明
下訂單	建立訂單	付款	用戶、客服	將訂單付款

在這一章，我們用語境的概念定位出 API 的範圍與邊界，而下一章，將以此為基礎，將目前手上所有的 API 資料整理成一份份的 API profile，API profile 是 API 的模型，裡面記載了一支 API 的基本資料與重要特性，閱讀下一章了解更多 API 建模與 API profile 的詳情。

總結

良好的 API 範圍與邊界劃分對各方都有好處，對設計團隊、API 本身、外部用戶都能更好的識別 API 的角色與作用，並且對我們接下來要做的 API 建模也有幫助，建立 API 模型就像幫房子畫藍圖，它們是最根本的設計圖，也都是事物在建造前的原始基礎。

第六章

建立 API 模型

你可以在製圖桌上用橡皮擦或在工地用大榔頭。

—Frank Lloyd Wright

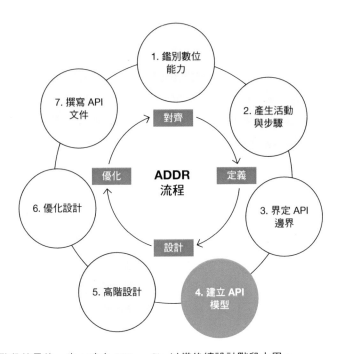

圖 6.1 定義階段的最後一步：建立 API profile 以備後續設計階段之用。

對開發者而言，程式是工具，而且是愛不釋手的工具，遇到問題直覺的想法就是先寫再說，程式既是他們的工具，也是他們靈魂的救贖，然而如果開發流程是程式先行，設計從之，那這產品的設計與品質必然是堪慮的。

當然，少了程式終究是紙上談兵，程式讓我們實現概念、讓我們驗證想法、讓我們探索未知，David Thomas 和 Andrew Hunt 合著的《The Pragmatic Programmer》[1]用曳光彈（tracer bullet）比喻那些我們用來驗證與探索的程式，因為他們就像曳光彈，能為我們指引落點是否正確，對我們來說，曳光彈的價值不在於能讓系統變得多有戰力，而在於能讓我們去嘗試與驗證新的事物。

API 模型也像曳光彈，它讓我們在真正開始開始動工前就能用模型去檢視一支 API 的所有特性，API 的模型我們稱為 API profile，它彙整前面幾章產出的資料（參照圖 6.1），整理出一支 API 的範圍與用途等諸元特性，再以 API profile 為基礎展開後續的設計工作。

什麼是 API 模型？

好的網頁設計來自好的框線原稿，好的 API 設計也來自好的 API 模型，我們用 API 模型來協助我們制定一個 API 的範圍於用途，而建立 API 模型的目的是為了讓我們能搞懂與驗證終端用戶和外部開發者的需求，與框線稿不一樣的是，框線稿的最終目標只為了滿足終端用戶操作感受，而 API 模型需要同時兼顧開發者與終端用戶的操作感受，儘管通常兩者的需求是共同的，然而有時難免有所差異，而透過 API 建模的過程，能讓我們找出那些差異並建立解決方案，避免在錯誤的基礎上蓋房子。

建立 API 模型的素材來自前面幾章的活動、步驟、工作故事，將這些資料彙整後的文件我們稱為 API profile，API profile 裡面有關於 API 的一切特性，有名稱、有範圍、有操作、有事件，因為 API 模型的存在，我們可以有機會更早的在模型中發現問題並加以修正，這相較於程式碼重構的成本，幾乎是微乎其微，所以我們總是在實作之前先製作 API 模型，這也是 API profile 的價值所在。

在後續的設計階段將以 API profile 為基礎，產生出各種風格的 API 設計，例如 REST、GraphQL、gRPC 等。

1　David Thomas and Andrew Hunt, The Pragmatic Programmer: Your Journey to Mastery, 20th Anniversary Edition, 2nd ed. (Boston: Addison-Wesley, 2020).

API Profile 結構

API Profile 彙整了所有與 API 有關的資訊，但不包括與實作風格有關的部分（例如 REST 或 GraphQL），API profile 是設計的根本，同時也可以作為 API 的初始文件。

一份典型的 API profile 包含有以下這些項目：

- API 的名稱與說明
- API 的存取範圍（internal（內部）、public（公開）、partner（夥伴）等）
- API 的操作及輸出入的詳細參數與格式
- API 操作的可存取人員名單，僅開放白名單內人員調用，避免安全隱患
- API 操作具有的事件
- （可選的）額外的標準或規範要求，例如 SLA（service-level agreement，服務等級協定）

API profile 可以用文書軟體或試算表製作，建議使用有線上協作功能的軟體，可以省下很多信件往返的時間，或者 wiki 也行，不論是什麼工具，只要把握住幾個原則：所有人都要能打開、要能留言，方便任何人對內容發表意見，不要挑那種只有小圈圈才能用的工具即可。

圖 6.2 是基本的 API profile 範本，它只是簡單的表格，可以用試算表，也可以用文書軟體製作。

API 建模流程

API 建模的目的是為每支 API 產生出各自的 API profile，建模的流程可分為五個步驟，隨著步驟的進行，API 的諸項資訊會一步步的納入 API profile 中。

My API—說明 API 範圍（*internal, public, partner* 等） 額外的標準或規範要求（*service-level agreements*, 合規性等）						
操作名稱	說明	人員	資源	事件	操作細節	
listThingies()	列出／搜尋什麼東西	用戶、客服	Thingy	Thingies.Listed	請求參數：vendorId, … 回傳值：Thingy[]	
…	…	…		…	…	

圖 6.2　API profile 範本，可以用試算表也可以用文書軟體製作。

為何不直接用 OpenAPI 當模型文件呢？

OpenAPI 是一種機讀的格式，用於敘述一個 REST 或 gRPC 的 API 規格，它被用於產生 API 技術參考文件與範例程式，因此它的內容結構中必須要有明確的 URL，而目前的 API 建模階段並未定義完整的 URL，因此難以直接採用 OpenAPI 當作模型文件，不過 OpenAPI 在後續的設計流程中會用到，並且現在的 API profile 也將會是 OpenAPI 的製作基礎。

另外在第 13 章「撰寫 API 設計文件」將會提到一種 API 規格文件 ALPS（Application-Level Profile Semantics），ALPS 也可以用於產生適合機讀的 API 文件，我們可以用 ALPS 協助加快我們的建模與設計效率，並且它也沒有與特定的 API 風格綁定，可適用於任一風格的 API 實作。

關於 REST API 風格與 OpenAPI 文件的製作，在後面的第 7 章「REST API 設計」會再深入討論。

對跟著我們一路從 ADDR 走來的讀者來說，因為有先前的基礎，API 建模時間大約是兩小時，而對於那些跳過前面 ADDR 流程的讀者來說，需要更長的時間才能夠完成 API 模型。

第一步：建立 API profile 概要

第一步是建立 API 的基本資料，包括名稱、說明、範圍等等，這裡的範圍指的是「internal」（內部）、「public」（公開）、「partner」（夥伴）這類的存取範圍，此處的基本資料有必要時得隨時做修正。

完成基本資料後，根據之前整理的活動與步驟，開始填入 API 操作的名稱，將每個步驟對應到一個 API 操作，在命名的風格上，我們建議用駝峰式（lowerCamelCase），這對後面在做時序圖（sequence diagram）時會較為便利。

圖 6.3 展示了 API profile 的基本內容，裡面的資訊來自過往我們在工作故事或事件風暴中獲得的資料。

Shopping API—用於瀏覽書籍資料與購物車管理公開

操作名稱	說明	人員	資源	事件	操作細節
listBooks()	依分類或出版日期列出書單	用戶、客服			
searchBooks()	依作者或書名搜尋	用戶、客服			
viewBook()	檢視一本書的商品詳情	用戶、客服			
addBookToCart()	將書籍加入用戶的購物車	用戶、客服			
removeBookFromCart()	將書籍自用戶的購物車移除	用戶、客服			
clearCart()	將用戶購物車的全部品項移除	用戶、客服			
viewCart()	檢視當前購物車的品項及小計	用戶、客服			

圖 6.3　JSON 呈現的 Shopping API profile，裡面的名稱、說明、範圍、操作等資訊來自第 5 章「界定 API 邊界」的產出。

第二步：找出相關資源

這一步是找出 API 所相關的資源，資源指的是與 API 操作有關的事物，API 的每個操作都有會調動到的事物，聽起來好像很抽象，但其實在之前的對齊（Align）和定義（Define）階段我們就已經整理過那些與 API 操作有關的事物了。

以 Shopping API 為例，在圖 6.4 中可以看到我們將「書」和「購物車」標示為與其相關的資源。

這些被標示出的資源，將他們進一步展開成各自的資源表格，裡面填上資源的名稱、說明、屬性等資訊，這些整理過的資訊可以讓我們對資源的特性一目了然，也對將來的 API 設計會有幫助。

在填入資源屬性時，我們只要先關注那些與 API 操作有關的重要屬性即可，先忽略其他只與特定實作方式有關的屬性，避免陷入實作的窠臼，加快建模速度。

圖 6.5 展示了 Shopping API 相關的資源，其中包括一個名為 Book Author 的資源，因為一位作者可能有好幾本書、一本書也可能有好幾位作者，所以我們將作者視為獨立的資源。

標示資源時的注意事項

有的人可能會認為資源和資料庫的資料表的角色頗為類似，便用資料表直接對照成 API 資源，但要注意的是，資料庫的 schema 設計往往重點放在讀寫的效能優化上，還有許多的正規化／反正規化的設計，這與 API 層的資源著重的點不同，在 API 層是用戶導向的，考量的是以滿足用戶的需求為優先，而非底層的讀寫效能，因此不建議直接拿資料表的設計對應成資源。

在建模時，思考的模式最好是由高至低的，不要一開始就想底層的資料庫應該如何又如何，從高階設計的角度去規劃，避免在模型中摻入過多的底層細節，如果最後發現高階的資源規劃剛好也很符合資料庫的規劃，那只能說是走好運，就像畫家 Bob Ross 說的「開心的意外」[2]。

2　Bob Ross, "We Don't Make Mistakes," clip from The Joy of Painting, season 3, episode 5, "Distant Hills" (Schmidt1942, 2013; originally aired Feb. 1, 1984), https://www.youtube.com/watch?v=wCsO56kWwTc.

Shopping API一用於瀏覽書籍資料與購物車管理公開					
操作名稱	說明	人員	資源	事件	操作細節
listBooks()	依分類或出版日期列出書單	用戶、客服			
searchBooks()	依作者或書名搜尋	用戶、客服			
viewBook()	檢視一本書的商品詳情	用戶、客服			
addBookToCart()	將書籍加入用戶的購物車	用戶、客服			
removeBookFromCart()	將書籍自用戶的購物車移除	用戶、客服			
clearCart()	將用戶購物車的全部品項移除	用戶、客服			
viewCart()	檢視當前購物車的品項及小計	用戶、客服			

圖 6.4　JSON 書屋的 Shopping API profile 範例，標示了「書」和「購物車」兩項資源。

Book 資源	
屬性名稱	說明
title	書名
isbn	ISBN 書號
authors	作者，Book Author 的清單

Cart 資源	
屬性名稱	說明
books	購物車內的書籍
subtotal	購物車商品金額小計
salesTax	消費稅
vatTax	營業稅
cartTotal	購物車金額總計

Book Author 資源	
屬性名稱	說明
fullName	作者全名

圖 6.5　Shopping API 的相關資源，每個資源有各自的屬性。

第三步：定義資源階層

這一步要將資源間的階層關係（taxonomy）制定出來，所謂的 taxonomy[3] 是一個分類與組織事物的術語，我們用階層來表示資源間彼此的層次與關聯性。

資源間的關係可以用三種方式表示：

1. **Independent（獨立的）**：資源獨自存在，與其他資源互不依賴，一個獨立的資源可以參照到其他獨立的或是依賴的資源。

2. **Dependent（依賴的）**：一個資源必須依賴於其他的資源才能存在，也就是父子資源的概念，子資源無法獨立存在，但要注意的是依賴與參照是不同的概念，若有兩個互相參照的獨立資源，不表示它們有依賴性，它們仍然是各自獨立的。

3. **Associative（關聯的）**：兩個互相獨立的資源，而兩者間又需要建立起關係才能完整表達事物的全貌，這種情況會在兩者之間加入一個中介資源來補足它們的關係，這種結構下那兩個互相獨立的資源的關係稱為 associative。

3　Dan Klyn, "Understanding Information Architecture," TUG, https://understandinggroup.com/ia-theory/understanding-information-architecture.

以下說明上面三種關聯性的具體案例。

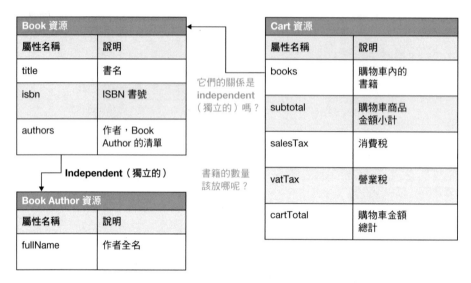

圖 6.6　Shopping API 的相關資源，加上資源間的關係標示，請問書籍的數量該放哪裡呢？

圖 6.6 展示的是 Shopping API 的資源加上關係後的樣貌，如前一節所述，在此 Book Author 與 Book 為各自獨立的資源，兩者可以互相參照，但彼此沒有依賴關係。

在圖 6.6 中的關係中，有個問題是「書籍的數量該放哪呢？」當一本書被放進購物車，那書的數量、金額應該怎麼放呢？為此我們引入另一個資源 CartItem 來存放這些購物車品項的細節，修改過後的資源如圖 6.7 所示。

因為引入了 CartItem，為了讓名稱一致，原本的操作 addBookToCart() 改名為 addItemToCart()、removeBookFromCart() 改名為 removeItemFromCart()，改名後的 API profile 見圖 6.8。

第四步：加入操作事件

在階層確定之後，這一步我們進一步補完每個 API 操作具有的事件，API 操作發送出的事件可以為 API 客戶端所用，例如資料分析，或者客戶端收到事件後也可能再對 API 發起別的請求。

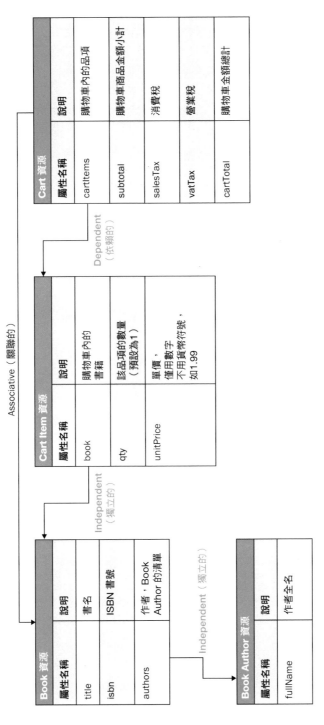

圖 6.7　用一個 CartItem 資源放購物車品項的細節，使 Book 與 Cart 形成 Associative 的關係。

Shopping API—用於瀏覽書籍資料與購物車管理 公開					
操作名稱	說明	人員	資源	事件	操作細節
listBooks()	依分類或出版日期 列出書單	用戶、 客服	Book, Book Author		
searchBooks()	依作者或書名搜尋	用戶、 客服	Book, Book Author		
viewBook()	檢視一本書的 商品詳情	用戶、 客服	Book		
addItemToCart()	將書籍加入用戶的 購物車	用戶、 客服	Cart Item, Cart		
removeItemFromCart()	將書籍自用戶的 購物車移除	用戶、 客服	Cart Item, Cart		
clearCart()	將用戶購物車的 全部品項移除	用戶、 客服	Cart		
viewCart()	檢視當前購物車的 品項及小計	用戶、 客服	Cart		

圖 6.8　JSON 書屋的 Shopping API profile 範例，以加入 Cart Item 的內容作修改。

此處的操作事件可以參考事件風暴中的那些事件，在做事件風暴時，我們就曾經定義出一個專案中有哪些事件了，如果您未曾使用事件風暴，也可以用之前建模時所設定的那些事件。

事件的命名應使用過去式，除此之外如果組織內有既有的命名原則也應當遵循，圖 6.9 展示了添加事件後的 API profile，注意到表格內的事件名稱都是用過去式。

至此我們的 API profile 已經記載了一支 API 的操作以及操作下的事件資訊，有的操作可能有一個事件、有的有多個事件、有的沒有事件，這些都是正常的狀況。

第五步：補充操作細節

在這系列的最後一步，我們將填入每一個操作的參數細節，包括它的輸入參數以及輸出的格式，但並不要求要填滿所有完整的細節，這裡只要填入重點即可，也可以預留空格，完整的欄位規劃補完會在更後面的設計章節進行。

另外一部分要添加的細節是同步（synchronous）或異步（asynchronous）的資訊，這會影響到後續設計階段的作業，同步 API 就是最基本的一筆請求／一筆回覆這樣來回拋接的作業模式，而異步 API 會將請求置於背景處理，讓手空出來就能夠接受下一筆請求，在第 9 章「異步 API」我們會更深入研究異步 API 的特性，目前我們先把所有的操作都標示為同步作業。

另外一個需要被關注但又常常被忽略的是安全性，安全性與冪等性（idempotence）是 HTTP 方法的重要特性，不同的 HTTP 方法有不同的安全性，安全性的另一個層面是對客戶端發送錯誤代碼的問題。

HTTP 方法的安全性標示有以下三種：

1. **Safe（安全的）**：不會對資源做出狀態變更的方法，對於那些讀取資源（GET）類的方法應該都要是 safe 的。

2. **Idempotent（冪等的）**：一個操作會改變某個資源的狀態，但重複完全一樣的操作將不會再次改變那個資源的狀態，這是一個重要的特性，有了冪等性，客戶端才有可能做出重試而不用擔心帶來其他副作用，冪等性存在於取代資源或刪除資源的動作上（PUT 與 DELETE）。

Shopping API—用於瀏覽書籍資料與購物車管理

公開

操作名稱	說明	人員	資源	事件	操作細節
listBooks()	依分類或出版日期列出書單	用戶、客服	Book, Book Author	Books.Listed	
searchBooks()	依作者或書名搜尋	用戶、客服	Book, Book Author	Books.Searched	
viewBook()	檢視一本書的商品詳情	用戶、客服	Book	Book.Viewed	
addItemToCart()	將書籍加入用戶的購物車	用戶、客服	Cart Item, Cart	Cart.ItemAdded	
removeItemFromCart()	將書籍自用戶的購物車移除	用戶、客服	Cart Item, Cart	Cart.ItemRemoved	
clearCart()	將用戶購物車的全部品項移除	用戶、客服	Cart	Cart.Cleared	
viewCart()	檢視當前購物車的品項及小計	用戶、客服	Cart	Cart.Viewed	

圖 6.9　JSON 書屋的 Shopping API profile 範例，添加了事件資訊。

3. **Unsafe（不安全的）：**相對於 safe 和 idempotent，unsafe 的操作會改變資源的狀態，並且重複的操作也不保證會得到相同的結果，unsafe 的特性表現在建立和更新資源的操作上（POST 和 PATCH）。

了解完三種安全特性後，逐一檢視所有的 API 操作，標示它們的安全特性，這些資訊在將來的設計階段會被進一步使用。

圖 6.10 展示了 Shopping API 補充完 API 操作的輸出入資料、同步 / 非同步、安全性等資訊的範例。

做完以上標示後，還可以在 API profile 寫上該 API 符合的規範，例如 SLA 或其他的合規性聲明等等（例如符合開放銀行標準）。

在本書的 GitHub 倉庫（repository）中 [4]，有 API profile 的範例可以參考。

用時序圖驗證 API 模型

為了確保 API 的作業如預期，我們將用時序圖對 API 做驗證，藉此也可以蒐集大家對 API 作業上的意見。

建立 API profile 之後，需要再驗證 API profile 內的特性是否與工作故事上的特性一致、沒有做歪，為此我們用時序圖搭配一個典型的情境來驗證，這個驗證用的情境可以直接採用過往在工作故事中或事件風暴中的情境，圖 6.11 是購物與結帳的時序圖範例。

所謂的驗證並不是畫畫時序圖就完事，我們要邊畫邊模擬真實的互動情境，設想每一個操作、每一個資源是不是符合預期，如果中間有所缺漏，那請回到建模的步驟再次補完。

在驗證完畢後，將 API 模型分享給所有參與者們，包括技術與非技術團隊、外部專家、早期用戶等，並向他們徵求反饋，在進入設計階段前，務必要確保目前的成果是大家一致認可的。

4　https://bit.ly/align-define-design-examples

Shopping API—用於瀏覽書籍資料與購物車管理 公開					
操作名稱	說明	人員	資源	事件	操作細節
listBooks()	依分類或出版日期列出書單	用戶、客服	Book, Book Author	Books.Listed	請求參數：categoryId, releaseDate 回傳值：Book[] safe / synchronous
searchBooks()	依作者或書名搜尋	用戶、客服	Book	Books.Searched	請求參數：searchQuery 回傳值：Book[] safe / synchronous
viewBook()	檢視一本書的商品詳情	用戶、客服	Book	Book.Viewed	請求參數：bookId 回傳值：Book safe / synchronous
addItemToCart()	將書籍加入用戶的購物車	用戶、客服	Cart Item, Cart	Cart.ItemAdded	請求參數：cartId, bookId, quantity 回傳值：Cart unsafe / synchronous
removeItemFromCart()	將書籍自用戶的購物車移除	用戶、客服	Cart Item, Cart	Cart.ItemRemoved	請求參數：cartItemId 回傳值：Cart idempotent / synchronous
clearCart()	將用戶購物車的全部品項移除	用戶、客服	Cart	Cart.Cleared	請求參數：cartId 回傳值：Cart safe / synchronous
viewCart()	檢視當前購物車的品項及小計	用戶、客服	Cart	Cart.Viewed	請求參數：cartId 回傳值：Cart safe / synchronous

圖 6.10　JSON 書屋的 Shopping API profile 範例，添加了操作細節。

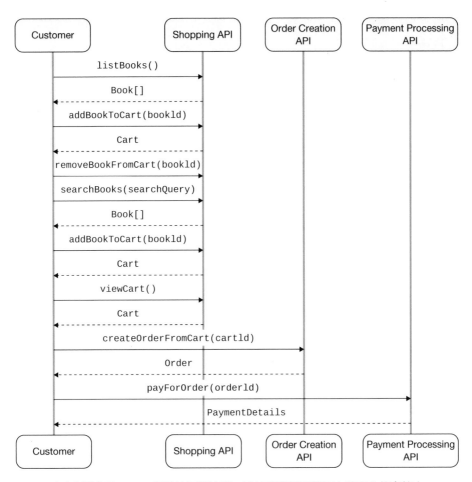

圖 **6.11**　以時序圖表示 JSON 書屋的下單流程，用以驗證是否與原本的工作故事符合。

評估 API 優先度與重用性

在進入設計階段前，我們可以先行衡量每支 API 的價值與優先度，以便做後續的時程與交期規劃。

首先評估 API 能提供的商業與市場價值，試問自己下列問題：

- 我們的 API 在市場上有競爭優勢嗎？

- API 能取代過去的人工作業嗎？能省下過往的人工成本嗎？

- API 能開拓新的收入管道嗎？或是增加原有的收入管道？

- API 能帶來哪方面的商業效益呢？是 BI（商業智慧）？市場洞察？或是決策因子？

- API 帶來的自動化效益可以讓企業組織的核心業務做的更多更好嗎？

如果答案是以上皆非，那不妨先回家洗洗睡。如果有正面肯定的答案，那恭喜您的 API 是有價值的！

接著我們來衡量每支 API 的製作難度，API 的難度可以用它在事件風暴時所產生的步驟來估計，越多步驟的、越複雜的、需要越多時間的，難度就越高，反之亦然，估計完難度之後，將它們分成低、中、高三種等級。

最後，我們要一一盤點這些 API，找出是否有現成的替代方案，現成的方案有可能是來自外部現成的商業 API（COTS API，commercial off-the-shelf API），或者來自別的部門功能相同的 API，又或者是現成的開源套件 API，不管是哪種模式，這些替代方案都能大幅的減少自行重零開發所要的時間與成本，在筆者的經驗中常常看到客戶忽略了這一撇步，導致花太多的時間在重新發明輪子，這是很可惜的，我們應該盡可能的提高 API 的重用性，才能最有效率的交付出產品。

圖 6.12 是 JSON 書屋的 API 用以上原則評估後的範例。

總結

在本章中，我們以過往章節的產出為基礎建立了 API 模型，API 模型彙整了每支 API 的所有資訊與特性，這些特性與資訊也會作為下一個設計階段的重要基礎，下面是本章的重點回顧：

- **資源的階層（taxonomy）**：用於表示資源間的關係是否互相依賴。

- **API profile**：API 的高階設計文件，不涉及特定的設計風格或實作技術。

- **時序圖**：用於驗證 API 模型是否與工作故事相一致。

- **評估優先度**：確保 API 是有存在價值的。

API Profile	商業價值與競爭力	自製難度	替代方案
Shopping API	中	中	外部 EC 平台 （但難以客製化及整合我們的推薦引擎）
Order Creation API	中	中	外部訂單 API （可能也包含出貨功能）
Payment Processing API	低	高	市場上有許多的金流業者可以選擇

圖 6.12　JSON 書屋的 API 優先度評估表

藉由 API 建模的過程，我們可以清楚的了解到每支 API 架構上的特性，也可以透過這個過程評估 API 的價值，包括它的商業價值和實作成本，在價值與成本間作出最經濟的考量，可以把某些非核心業務交由外部 API 處理，也可以沿用既有的 API，盡可能讓 API 的效用最大化，也省下重新開發 API 的時間與費用，達到價值與成本間的平衡點。

API 建模是 ADDR 流程中 Define（定義）階段的最後一步，後面我們進入 Design（設計）階段，在第 7 章，我們將帶領讀者將 API profile 展開成 REST API，如果讀者對其他風格有興趣，也可以直接跳到後面的章節。

Part IV

設計 API

經過了前面的 Define（定義）階段，我們為 API 建立了模型，模型中整理了每支 API 的基本資料、特性、操作等細節，接來來我們要進入 ADDR 流程中的 Design（設計）階段，以 API 模型為基礎展開設計工作。

對於 API 的風格，我們有許多選擇，有 REST、RPC 等，在本篇中我們用高階設計的視角逐一帶過，讀者也可以直接跳到特定的風格章節閱讀該風格的詳細內容。

第七章

REST API 設計

REST 被設計成適用於粗粒度的訊息交換,儘管這是 Web 上最普遍的形式,但對於其他形式,REST 就不是最佳選擇。

—Roy Thomas Fielding

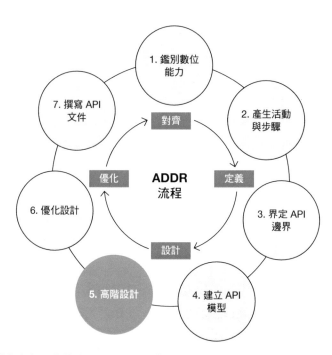

圖 7.1 設計階段有各種的風格可以選擇,本章談的是 REST 風格的 API。

邁入設計階段後,我們將會面臨到一系列與設計有關的抉擇問題,有的相當直覺,有的令人考慮再三,但無論如何,要先有的認知是 API 的設計很少有一步到位的,往往得經歷過多次的調整,我們也建議寧願多花一些時間來完善設計,而不要只有粗糙的設計就趕著實作，利用設計盡早發現問題、解決問題，比起在實作後才傷筋動骨的重構要好的多。

在前一章我們已經製作出 API profile，本章將以 API profile 為基礎，將其逐步展開成具體的 REST API 設計，在這個過程中將會看到幾種常見的 API 設計模式，最終產出一份符合 REST 風格的高階 API 設計。（參考圖 7.1）

> ## 原則三：根據需求決定 API 設計
>
> 與應用天生完美契合的 API 風格是不存在的，應該根據需求來挑選適合的 API 風格，不論是 REST、GraphQL、gRPC，或者任何一種新玩具、新風格，都應該先了解需求與風格的特性，再選用最適合的方案。接下來的三個章節會分別介紹幾種常見的 API 風格，包括他們的特性、同步 / 異步的差異、SDK，以及該如何選擇他們的議題。

什麼是 REST API？

REST（Representational State Transfer，表現層狀態轉換）是一種系統架構「風格」，它並不像 HTTP 是被精確定義的通訊協議，也不存在標準的規格書，REST 風格是 Roy Thomas Fielding 在他的博士論文《Architectural Styles and the Design of Network-based Software Architectures》[1] 中提出的，論文中分別談到了 REST 風格的核心概念、REST 風格的約束性，以及 REST 是如何套用在 Web app 上的議題。

當談到 REST API 時許多人會從 Fielding 的論文出發，試圖從 API 的角度切入談 REST 在 Web API 設計上的應用，但其實該篇論文談的不只是 REST，也不只是 API，它的主題是更廣泛的涉及了架構風格與分散式系統的設計觀點，REST Web API 僅是其中的一部分，想要深入了解論文的讀者也可以自行參閱論文原文，獲得更原汁原味的設計觀點。

對於 REST 和 HTTP，論文中談到的是 HTTP 與 REST 的架構性約束（architectural constraint）間的依賴關係，以及一個系統套用 REST/HTTP 架構之後，如何能表現出更好的進化性（evolvable），即前後端事務分離下，兩端得以各自獨立演進的特性。儘管論文中並未指明 REST 一定要用 HTTP 協議，然而 HTTP 事實上的確是最

---

[1] Roy Thomas Fielding, "Architectural Styles and the Design of Network-based Software Architectures" (PhD diss., University of California, 2000), https://www.ics.uci.edu/~fielding/pubs/dissertation/top.htm.

被普遍使用的網路通訊協議，因此後續的部分我們將以 HTTP 為基礎進一步說明 REST 與之混合之後所表現出的特性。

這些 REST 的架構性約束帶給系統的是更好的靈活性（flexibility）與進化性（evolvability），這些架構性約束的簡單說明如下：

- **主從式架構**：服務端與客戶端互相獨立，兩者之間用請求／回覆的機制進行訊息互動。

- **無狀態**：服務端不會記憶客戶端的狀態，所以每次客戶端發送請求時都要附上用戶的驗證資訊。注意：服務端自身的狀態是會儲存的。

- **分層式系統**：儘管對客戶端來說，服務端就是個黑盒子，但站在服務端的角度看，黑盒子的內部是由許多的子模組堆疊起來的，每一層負責不同的任務，例如快取、反向代理、認證等等，每個請求與回覆都是經歷重重關卡才送到對方手上的。

- **可快取性**：服務端的回覆中必須聲明資料的可快取性，讓中介層和客戶端得以判斷是否要為此資料做快取。

- **Code on demand（此為選擇性約束）**：客戶端的程式碼可以來自服務端，可能是腳本也可能是二進位程式，例如瀏覽器跑 Web app 的程式碼就是來自服務端，在 API 方面，也可以供應程式碼給客戶端，讓客戶端得以執行特定的邏輯，在這樣的模式下，客戶端僅負責提供執行環境，而主要的商業邏輯都可以由服務端掌控，改版時也不需要客戶端配合升級，於是服務端有了自我進化的可能性。

- **一致的介面**：REST 的以上幾個架構性約束，讓 API 對外形成了一致的介面，此處的一致並非指一模一樣，而是指相同的風格與約定，意即只要都走 REST 風格，即使是不同的 API 也都具備了共同的 REST 風格特性。

在規劃 Web API 設計時，這些結構性約束會是重要的考量因素之一，也因為這些約束的存在，才讓 Web API 具備更好的進化性。

REST 從來就不只是 CRUD

之前提過，REST 既不是標準規範，也不是通訊協議，更不是 JSON 加 CRUD，那 REST 到底是什麼？簡而言之，REST 是一系列的架構性約束與約定，這些約束與約定制定了一個系統的模組間該如何有效率的工作與互動的方案，在 REST 強力意志貫徹之下能為系統帶來更高的靈活度，而 JSON 與 CRUD 僅是 REST 架構下常用到的兩個設計元素。

但世人還是對 REST 有許多誤解，他們忽略了 REST 的重點在架構性約束，而非 CRUD 或 JSON，還是有人仍舊以為只要有 CRUD、JSON 就是 REST API，而且這類的誤解與爭議不曾消失，導致總是可以看到人們在爭執著「這夠不夠 RESTful」之類的話題。

但老實說，用爭的是沒有意義的，身為一位 REST 職人，我們應該用包容的心看待那些誤解，找尋適當的時機讓他們了解真正的 REST 教義，並且注意不要流露出專業的傲慢，而是保持著謙遜有禮的態度，避免再次引發爭議。

REST 是主從式架構的

REST 的基本約束特性之一是主從式架構，服務端掌控著資源、操作，並提供介面給客戶端，讓客戶端能透過介面與服務端進行互動。

主從式架構下的客戶端如要做 UI 改版，或是為新平台開發新客戶端，這些工作都可以獨立作業，與服務端沒有瓜葛。

主從式架構帶來最大的優勢是客戶端可以自我進化，也就是前文所說的 REST 架構約束下帶來的可進化性（evolvability），在前後端分離的約束下，兩端可以各自發展，除了前面提到的客戶端可以自行改版外，服務端也可以自行添加更多的功能或特性，而不會影響到現有的客戶端，這也是 API 能實現產品化的原因，不論有沒有客戶端，服務端都能自成一個獨立的產品。

REST 是以資源為中心的

REST 的架構中，主要的抽象化對象是資源，如同我們在第 1 章「API 設計原則」提過的，資源是事物抽象化的概稱，它可以代表文件、圖片，也可以代表數位化型態的人、物等實體物件，資源也可以是其他資源的集合。

資源對外的表現形式可能是各種的格式，例如 JSON，或是 XML、CSV、PDF、圖檔等等，這些格式記載了資源當下的狀態，或者資源即將改變的狀態，這些帶有狀態的格式在 REST 的概念裡稱為表現層（representation）。

服務端要供應哪些格式，主要是取決於資源本身的特性和客戶端的需求，在 REST 生態中 JSON 是最常見的格式，但仍然有可能視實際應用的場景需要而提供其他的格式，例如產出 CSV。

用一個例子來說明資源與表現層，有一個代表 Vaughn Vernon 這位仁兄的資源，這個資源可以有多種的形式（表現層），可以是 JSON，也可以是 XML，如果這個資源有保留過往的歷史紀錄，那些紀錄也可以用 JSON 或 XML 來表現。

REST 是以訊息為基礎的

讀過 Fielding 的論文的讀者可能會注意到，論文中大量的談及了主客端之間訊息交換機制的議題，在 REST 概念裡的訊息，不是指丟來丟去的 JSON ／ XML 內的那些屬性值，而是更廣泛的涵義。

REST 的訊息指的是主客端之間互動的介質，訊息的主體（body）是前一節提過的「資源的表現層」，但除了主體之外，互動時的通訊協議、URL、URL 參數、HTTP 標頭等等也都是廣義的訊息的一部分，在設計 API 的互動機制時，要考慮的除了訊息的主體外，也要考慮到周邊的相關元素。

在客戶端對服務端發送的請求中有上述的全部元素，服務端再根據客戶端的請求做出回應，回應的訊息也是由各種元素組成，有回應標頭、回應狀態碼、酬載（payload）等等，當我們在設計 REST API 時，應該從訊息如何互動的角度去思考，也要對未來的擴展性有超前部署的思維，才能讓 API 隨著外在需求的改變而進化。

REST 是支援分層式系統的

REST 架構本質上就是分層式的架構，「分層式」的意思式客戶端其實並沒有直接與服務端通訊，在他們之間還有許許多多的中介層（middleware）運作著，例如負責快取的、負責 logging 的、負責存取控制的、負責負載平衡的等等，這種多層式系統的範例如圖 7.2。

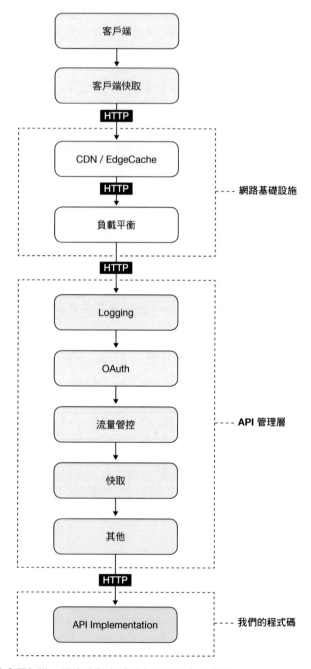

圖 **7.2** REST 的多層架構，服務端與客戶端之間有許多中介層。

REST 是支援 Code on Demand 的

Code on demand 是功能強大但較不為人知的特性，對於客戶端的請求，服務端不僅可以回覆客戶端要求的資源，還可以連處理資源的程式都一併回覆，如此客戶端就完全不需要知道該如何處理這項資源，也不用知道具體的程式邏輯，它只要知道把那串程式跑起來就會得到它要的結果，這種特性的好處是處理資源的程式邏輯完全掌握在服務端手上，一旦有需要，服務端可以獨自改版，為程式添磚加瓦而無須動到客戶端。

這種特性與瀏覽器的行為很類似，瀏覽器從來不管網頁要跑的 JavaScript 是什麼，它只負責提供一個安全的沙盒（sandbox）環境，還有負責把 JavaScript 跑起來，當一個 Web app 改版時瀏覽器不需要也跟著改版。

Code on demand 在 REST API 中儘管鮮為人知但還是可以想像它的威力，例如後端可以透過 code on demand 來全權負責表單的欄位與驗證邏輯，而前端可以完全不需要知道表單的任何邏輯，只要忠實的執行後端傳來的程式碼即可。

REST 的 Hypermedia 特性

當服務端向客戶端發送回覆時，回覆的內容除了客戶端要求的資源外，還挾帶與其相關的其他資源，這種附帶額外資訊的機制稱為 hypermedia，廣義而言，hypermedia 不僅限於挾帶其他資源，也可以是挾帶其他相關的 API 端點或其他形式的資訊，讓客戶端可以自行從服務端送來的回覆中解析出其他相關的資訊，這種特性稱為可供性（affordance），hypermedia 是 REST 中最重要的特性之一。

Hypermedia 帶給客戶端的是更多的可能性，它讓客戶端可以得知資源以外的資訊，可以是額外的資源、額外的操作、額外的狀態等，在這個特性之下，服務端也可以藉由 hypermedia 來控制客戶端能接收到的資訊，例如在某些時候不挾帶特定的連結，避免客戶端過度存取影響服務端的效能等等，後續我們會談到更多 hypermedia 的應用。

透過 hypermedia 提供的資訊，讓客戶端可以從一個資源去探訪其他的相關資源或 API，就像我們在瀏覽網站一樣，而沒有提供 hypermedia 的 API，則像是只提供結果卻不提供連結的搜尋引擎，箝制了客戶端自我探訪的可能性。

下面是一個典型的 hypermedia 範例，以 HAL（Hypertext Application Language，超文字應用語言）撰寫，可以看到裡面有分頁的元素，讓客戶端能自行探訪前後的資源：

```
{
 "_links": {
   "self": {"href": "/projects" },
   "next": {"href": "/projects?since=d266f6cd&maxResults=20" },
   "prev": {"href": "/projects?since=43be807d&maxResults=20" },
   "first": {"href": "/projects?since=ef24266a&maxResults=20" },
   "last": {"href": "/projects?since=4e8c74be&maxResults=20" },
  }
}
```

這是某個專案系統的搜尋結果，客戶端可以跟隨 next 的連結前往下一頁，直到最末頁為止。

藉由 hypermedia 的資訊，客戶端得以感知到一個資源的脈絡，能知道資源及其相關的資源或操作，再也不用反覆去問服務端現在能幹嘛或不能幹嘛，而且更棒的是這些額外的資訊都是服務端可以在每次丟出回覆前動態生成的，意即都是最即時的狀態，對服務端來說有更大的權力調配回應，對客戶端來說有更少的互動與更好的感知能力。

什麼是 HATEOAS？

HATEOAS（hypermedia as the engine of application state）這個縮寫來自 Fielding 的論文，它也是 REST 諸多的架構性約束之一，它的概念是應用的狀態都來自 hypermedia，而 hypermedia 來自服務端，意即由服務端在回覆請求時一併附上該資源當下所允許的操作，而客戶端不需要知道這背後的商業邏輯，它只要根據 hypermedia 的資訊做出反應即可，客戶端不再需要複雜的程式邏輯去判斷或詢問當前資源能做的事，這進一步解耦了主客端的相關性。

HATEOAS 與 hypermedia 指涉的是相同的概念，在 Fielding 的原文中較偏好使用 *hypermedia controls*，而在本書中也都會使用 hypermedia 來敘述此一約束概念。

下面是一則 HAL 格式的回覆範例，表達某篇文章的狀態與 hypermedia，其中列舉的操作可以根據用戶角色與權限由服務端動態生成：

```
{
 "articleId":"12345",
 "status":"draft",
 "_links": [
     { "rel":"self", "url":"..."},
     { "rel":"update", "url":"..."},
     { "rel":"submit", "url":"..."}
 ],
 "authors": [ ... ],
 ...
}
```

當角色是作者時，作者能使用的操作有更新及提交，當作者提交給編輯後，編輯收到的狀態就會是已提交，而編輯能使用的操作就變成批准或退回：

```
{
 "articleId":"12345",
 "status": "submitted",
 "_links": [
     { "rel":"self", "url":"..."},
     { "rel":"reject", "url":"..."},
     { "rel":"approve", "url":"..."}
 ],
 "authors": [ ... ],
 ...
}
```

透過上面的範例，可以觀察到在 hypermedia 特性之下，主要的商業邏輯都由服務端掌控，客戶端只要根據 hypermedia 的內容呈現出相對應的 UI 按鈕即可，不用去管什麼情況該出現什麼按鈕，也不用每收到一個資源就要去問一次現在能幹嘛或不能幹嘛，所有的商業邏輯都來自服務端的 API，所以我們可以將這樣的模式稱為 API-driven workflow（API 驅動流程），在此模式下又促進了所謂的可進化性（evolvable），即在更低的耦合下，服務端可以自行改版進化而不會影響到客戶端。

REST API 的 hypermedia 有幾種類型：

1. **提供清單：**例如提供所有的 API 操作清單，通常作為 API 的進入端點。

2. **提供導航：**例如在某個上百筆的回覆中作分頁，並用 hypermedia 提供上下頁的導航。

3. **提供關聯**：例如提供某個資源的相關資源，可能是它的子資源、父資源、姊妹資源。

4. **提供行動**：例如根據現有的狀態，提供客戶端可以對當下資源採取的行動。

要特別提醒的是，hypermedia 僅適用於一個資源一個端點的 API 風格，如果是 GraphQL、gRPC、SOAP、XML-RPC 這類的，他們都是一個端點操作全部的資源，並不適用 hypermedia。

用 RMM（Richardson Maturity Model，Richardson 成熟度模型） 衡量有「多麼 REST」

RMM 是由 Leonard Richardson 創建的 REST 衡量方法，他將 REST 的運用程度分為四級，詳述如下：

- **0 級**：僅提供單一操作或單一端點來應付所有的請求，請求的細部行為以網址參數的形式表達。（例：POST /api?op=getProjects）

- **1 級**：有資源的概念，資源也有對應到各自的 URL 端點，但資源的個體或行動依然依靠網址參數傳遞。（例：GET /projects?id=12345）

- **2 級**：會運用 HTTP 的各種方法，如 GET、POST、PUT 以及 HTTP 回應碼來做更複雜的互動。

- **3 級**：會運用 hypermedia 挾帶額外資訊，以及讓服務端動態配置 hypermedia 的內容。

RMM 的立意在於讓我等 API 職人能藉此模型激勵自己逐步優化 API 的設計，但不幸的是它卻成為 API 同儕間互相指責「你不夠 REST」的武器。

Richardson 曾經在 2015 年的 REST Fest 的講題〈What Have I Done?〉[2] 中談到此現象，他指出這令他「尷尬到一個不行」，原本立意單純良善的小工具竟然變成彼此互相攻訐的武器，他認為人們的精力應該放在滿足客戶需求上，而不是吃飽太閒吵誰夠不夠 REST 的口水議題。

2　Leonard Richardson, "What Have I Done?" (lecture, REST Fest, Greenville, SC, September 18, 2015).

何時該選用 REST？

在 Fielding 的論文中，他提到 REST 的粗粒度特性：

> *REST 被設計成適用於粗粒度的訊息交換，儘管這是 Web 上最普遍的形式，但*
> *對於其他形式，REST 就不是最佳選擇。*

Fielding 並未明確說明什麼是「粗粒度的」，但我們以 Web 為例，一份 HTML 就是個單一、完整的網頁資源，儘管它內部的確有引用到圖片、腳本、樣式等其他資源，但那些都是在瀏覽器解析 HTML 後的行為，站在應用層的角度，HTML 就是神聖且不可分割的、單一的、粗粒度的資源。

回頭看 REST，在以 HTTP 協議為基礎的網路應用上，REST 也是比較適合做大粒度互動的，它沒有某些為小粒度互動設計的機制，另外在它典型的 API 拋接模式中，資料的欄位也都是難以做細緻客製的，因此我們說 REST 發送的訊息都是粗粒度的。

相對的，細粒度的例子就像 RPC，RPC 在設計上與 REST 不同，它沒有某些 REST 特有的結構性約束，反之它具備了異步與串流的特性，不用像 REST 一樣一定要持續的一拋一接，因此更適合細粒度的應用，關於 RPC 的詳細特性，將在第八章與第九章做更深入的介紹。

基於上述的特性，在沒有特殊的細粒度的需求下，一般會選擇 REST 作為主要的 API 風格，它也是最被廣泛使用的 Web API 風格，Web 生態圈的工具、開發方、營運方也都對 REST API 有廣泛的支援與熟悉，總而言之，使用 REST 是個合理的選擇。

REST API 設計流程

在第 6 章「建立 API 模型」，我們將 API 的資訊與特性整理成 API profile，而在本章，我們會以前面提過的 REST 概念為基礎，將 API profile 進一步展開成 REST 風格的 API 設計，具體的五個步驟如下：

第一步：設計資源的 URL 路徑

我們已經在第 6 章的圖 6.7 整理了 API 的相關資源，現在我們將那些資源彙整成單一的表格，如圖 7.3，將有依賴性的資源以縮排表示，後續將以此為基礎制定 API 的 URL。

接著將資源名稱轉換成符合 URL 規範的名稱，首先把名稱轉為小寫，用連接線取代空白，再在開頭處加上表示 URL 路徑的斜線，而 URL 內的單字我們習慣用複數名詞，表示這是一個資源的集合，而不是指特定的某筆資源。

圖 7.3　將 API profile 的資源彙整成單一表格，有依賴的子資源以縮排表示。

子資源的部分，原本巢狀的子資源放到它的父資源後方，用 URL 路徑的形式來表達他們的父子關係。

關於依賴性資源的警示

某些對關聯式資料庫熟悉的人，他們會傾向用關聯式資料庫的角度去規劃資源的相關性，這可能會導致資源的關聯性過於複雜。

我們在 URL 的設計上，將依賴性的資源以子路徑的形式安排在父資源後方，藉此表達出他們的父子關聯性，然而要注意到的是，不要過度設計而長出一屁股的子路徑，像這樣：

```
GET /users/{userId}/projects/{projectId}/tasks/{taskId}
```

這樣落落長的 URL 對客戶端來說是一種累贅，要讀取一個 task 還要先知道它的 project 和 user，既多餘又浪費時間。

在關聯性資源的 URL 設計上，大原則還是用戶導向，在不影響 API 用戶認知的前提下，盡可能的讓 URL 更精簡，只留下較具有顯著意義的關聯資源。

調整之後的結果如圖 7.4，另外再次注意習慣上我們會將資源以複數名詞的形式表達，表示它是某種資源的集合，而非某某單一特定個資源實體。

資源路徑
/books
/carts
/carts/{cartId}/Items
/authors

圖 7.4　將 API 操作名稱轉換成 URL，依賴性的子資源以子路徑表示。

將上述的資源路徑清單加上之前的 API profile，擴充成以資源路徑為基礎的 API 端點資料表，如圖 7.5。

第二步：將 API 操作對應到 HTTP 方法

這一步要設定每個 API 操作的 HTTP 方法，在第六章我們已經介紹過 HTTP 方法與安全特性的基礎概念，而表 7.1 是主要的 HTTP 方法與他們的安全特性說明。

在第 6 章的 API profile 中，我們已經制訂了一系列的 API 操作，這些操作的名稱也都具體的表達了操作的用途，將操作名稱與表 7.1 的 HTTP 方法互相對照，便可以整理出每項操作應該使用的 HTTP 方法如表 7.2。

以上一步的表格為基礎，對照表 7.2，逐一填入每項操作的 HTTP 方法，並填入每項操作相關的資源，形成圖 7.6。

資源路徑	操作名稱	HTTP 方法	說明	請求參數	回應
/books	listBooks()		依分類或出版日期列出書單	categoryId/releaseDate	Book[]
/books/search	searchBooks()		依作者或書名搜尋	searchQuery	Book[]
/books/{bookId}	viewBook()		檢視一本書的商品詳情	bookId	Book
/carts/{cartId}	viewCart()		檢視當前購物車的品項及小計	cartId	Cart
/carts/{cartId}	clearCart()		將用戶購物車的全部品項移除	cartId	Cart
/carts/{cartId}/items	addItemToCart()		將書籍加入用戶的購物車	cartId	Cart
/carts/{cartId}/items/{cartItemId}	removeItemFromCart()		將書籍自用戶的購物車移除	cartId/cartItemId	Cart
/authors	getAuthorDetails()		取得作者資訊	authorId	BookAuthor

圖 7.5 以 API 設計為中心，將操作名稱、說明、請求參數、回應整理成表格形式的 API profile。

表 7.1　主要的 HTTP 方法與他們的安全特性

HTTP 方法	說明	安全特性	安全特性說明
GET	回覆請求的資料	Safe	不會改變資源狀態
POST	創建資源或其他應用	Unsafe	重複一樣的新增可能會產生多筆相同的資源
PUT	取代現有的資源	Idempotent	重複一樣的取代不會產生多個重複的資源
PATCH	更新資源	Unsafe	重複一樣的更新可能會讓資源有重複的屬性
DELETE	刪除資源	Idempotent	重複一樣的刪除不會改變資源已刪除的狀態

表 7.2　API 操作與 HTTP 方法的對照表

操作行為	HTTP 方法示例
List、Search、Match、View All	GET resource collection GET /books
Show、Retrieve、View	GET resource instance GET /books/12345
Create、Addd	POST resource collection POST /books
Replace	PUT resource instance or collection PUT /carts/123 PUT /carts/123/items
Update	PATCH resource instance PATCH /carts/123
Delete All、Remove All、Clear、Reset	DELETE resource collection DELETE /carts/123/items
Delete	DELETE resource instance DELETE /carts/123/items/456
Search、Secure Search	POST custom search action on the resource collection POST /carts/search
其他	POST as a custom action on a resource collection or instance POST /books/123/deactivate

資源路徑	操作名稱	HTTP 方法	說明	請求參數	回應
/books	listBooks()	GET	依分類或出版日期列出書單	categoryId/releaseDate	Book[]
/books/search	searchBooks()	POST	依作者或書名搜尋	searchQuery	Book[]
/books/{bookId}	viewBook()	GET	檢視一本書的商品詳情	bookId	Book
/carts/{cartId}	viewCart()	GET	檢視當前購物車的品項及小計	cartId	Cart
/carts/{cartId}	clearCart()	DELETE	將用戶購物車的全部品項移除	cartId	Cart
/carts/{cartId}/items	addItemToCart()	POST	將書籍加入用戶的購物車	cartId	Cart
/carts/{cartId}/items/{cartItemId}	removeItemFromCart()	DELETE	將書籍自用戶的購物車移除	cartId/cartItemId	Cart
/authors	getAuthorDetails()	GET	取得作者資訊	authorId	BookAuthor

圖 7.6　根據每個路徑的用途，為它們賦予適當的 HTTP 方法。

第三步：設定回應碼

這一步我們為每個 API 操作設定他們的回應碼，HTTP 的回應狀態碼主要有三大類：

- **200 系列**：這類回應碼表示成功，或者與成功相關的狀態。（例如 201 CREATED 或 200 OK）

- **400 系列**：這類回應碼表示請求失敗，意味著客戶端必須修正它的請求並再次嘗試。

- **500 系列**：這類回應碼表示服務端異常，或因為客戶端導致的服務端異常。

每個分類之下都還有可以更明確表示狀態的代碼，務必使用較明確的回應碼，完整的回應碼定義可以參見他們的 RFC 文件，如果在該分類的回應碼中真的找不到適用的，那可以用較為粗略的 200 ／ 400 ／ 500 作回應。

不要發明自己的回應碼

在電腦資訊的領域中，有一些不那麼自然卻已是約定成俗且行之有年的習慣，例如 UNIX 的回應碼，0 表示成功，1 到 127 則表示異常，對於這種產業內的慣例，我們最好加以尊重，在 HTTP 的回應碼也有類似的情況，HTTP 規範中已經有定義了許多既有的回應碼，請不要再發明自己的回應碼，在 HTTP 的分層式架構中，除了我們的 API 模組與客戶端，中間還有許多負責不同事務的中介層（middleware），那些中介層是不可能搞懂你自己發明的回應碼的，試圖去魔改那些中介層也是不切實際的，所以請不要發明自己的回應碼。

要完整的羅列所有的 HTTP 回應碼會佔據過多篇幅，因此我們僅在表 7.3 列出主要的回應碼與他們的說明。

在客戶端方面，應該要準備好各種回應碼的應對措施，但面對如此多的 HTTP 回應碼，要求客戶端準備全部的劇本是不切實際的，只要針對每個操作可能回應的回應碼準備劇本即可，以一個典型的操作為例，至少要有一個表示請求成功的回應碼，而其他可能的錯誤回應碼則依據該操作的實際情況列舉，最後將這些可能發出的狀態整理成表格，圖 7.7 展示了 Shopping API 添加了回應碼後的範例。

資源路徑	操作名稱	HTTP 方法	說明	請求參數	回應
/books	listBooks()	GET	依分類或出版日期列出書單	categoryId/releaseDate	Book[] 200
/books/search	searchBooks()	POST	依作者或書名搜尋	searchQuery	Book[] 200
/books/{bookId}	viewBook()	GET	檢視一本書的商品詳情	bookId	Book 200, 404
/carts/{cartId}	viewCart()	GET	檢視當前購物車的品項及小計	cartId	Cart 200, 404
/carts/{cartId}	clearCart()	DELETE	將用戶購物車的全部品項移除	cartId	Cart 204, 404
/carts/{cartId}/items	addItemToCart()	POST	將書籍加入用戶的購物車	cartId	Cart 201, 400
/carts/{cartId}/items/{cartItemId}	removeItemFromCart()	DELETE	將書籍自用戶的購物車移除	cartIdcartItemId	Cart 204, 404
/authors	getAuthorDetails()	GET	取得作者資訊	authorId	BookAuthor 200, 404

圖 7.7　在表格回應欄中添加 Shopping API 之正確與錯誤的回應代碼

第四步：撰寫 REST API 設計文件

截至第三步為止，我們的 API 高階設計已經算完成，剩下的工作是從高階設計文件產生出 API 描述文件，以便後續的共享與檢閱，並藉此取得他人的回饋。

表 7.3　主要的 HTTP 回應碼

HTTP 回應碼	說明
200 OK	請求成功。
201 Created	請求建立新資源成功。
202 Accepted	接受請求，但事務仍待處理。
204 No Content	請求成功，沒有回覆任何內容，通常用於刪除的回覆。
400 Bad Request	請求的語法錯誤或資料無效，服務端無法處理。
401 Unauthorized	未獲授權的請求。
403 Forbidden	服務端拒絕請求。
404 Not Found	請求的 URL 或 URI 不存在。
500 Internal Server Error	服務端內部異常，無法處理請求。

對於 API 描述文件，讀者可以選擇自己慣用的格式，例如 OpenAPI 或 API Blueprint，如果沒有慣用的格式，那可以參考第 13 章「撰寫 API 設計文件」，裡面介紹了幾種主要的格式，無論是哪種格式，他們的共同特徵是可以被機讀，API 生態鏈上的一系列工具都可以讀入這些 API 描述檔來協助我們從事與 API 相關的工作，例如產生 API 規格文件，或是產生串接、測試的工具等。

本章節後續的教學會採用 OpenAPI v3 的格式做示範，下文的截圖來自 Swagger Editor 這個線上的 OpenAPI 撰寫工具 [3]，它也可以撰寫或讀入 OpenAPI 的機讀文件並產生出人類可讀的 API 規格書，OpenAPI 的文件格式可以是 YAML 或 JSON，下文皆為 YAML。

在 Swagger Editor 中，以 API profile 內的資料為基礎，填入 API 的名稱等基本資訊，在 description 中寫入 API 的用途、功能、說明、操作端點等資訊，並註明和本 API 相關的其他 API 資料，但不要寫到 API 內部的運作細節，這部分細節可以另外放在 wiki 供人調閱，填入這些基本資料後的範例參照圖 7.8。

3　https://swagger.io

```
1  openapi: 3.0.0
2  info:
3    title: Bookstore Shopping API - REST Example
4    description: |
5      Supports the shopping experience of an online bookstore, including browsing and searching
         for available books and shopping cart management.
6
7      The Order Creation API is used to convert the shopping cart into an order that is prepared
         to accept shipping details, payment, and fulfillment tracking.
8
9      The API includes the following shopping operations by capability:
10
11     | Capability           | Operation                                      |
12     |----------------------|------------------------------------------------|
13     | List Recent Books    | List Recent Books In Store                     |
14     | List Recent Books    | Search for a book by topic or keyword          |
15     | List Recent Books    | View Book Details                              |
16     | Place an Order       | Create Cart                                    |
17     | Place an Order       | Add Book to Cart                               |
18     | Place an Order       | Remove Book from the Cart                      |
19     | Place an Order       | Modify Book in Cart                            |
20     | Place an Order       | View Cart with Totals                          |
21
22    contact: {}
23    version: '1.0'
24  servers:
25    - url: https://{defaultHost}
26      variables:
27        defaultHost:
28          default: www.example.com/shop
```

圖 **7.8**　以 OpenAPI 機讀格式表示的 Shopping API，最前面填上 API 的基本資料。

接著填入每個操作的細節，在 OpenAPI 機讀格式中，依格式規範依序填入路徑、HTTP 方法、operationId 等，operationId 可以用第 6 章定義的操作名稱填入，如此就不用再去想名字，又可以與之前的 API profile 做到互相對照。

操作的 summary 可以用第 3 章「鑑別數位能力」的工作故事的內容填入，而 description 可以用第 6 章的 API profile 的操作說明填入，讓讀者可以藉此知道 API 的角色與用途，後續再填入操作的路徑參數和查詢參數，如圖 7.9。

```
29 ~ paths:
30     /books:
31 ~     get:
32         tags:
33         - Books
34         summary: Returns a paginated list of available books
35         description: "Returns a paginated list of available books based on the
             search criteria provided. If no search criteria is provided, books are
             returned in alphabetical order. \n"
36         operationId: ListBooks
37         parameters:
38 ~       - name: q
39           in: query
40           description: A query string to use for filtering books by title and
               description. If not provided, all available books will be listed.
               Note that the query argument 'q' is a common standard for general
               search queries
41           style: form
42           explode: true
43 ~         schema:
44             type: string
45 ~       - name: daysSinceBookReleased
46           in: query
47           description: A query string to use for filtering books released within
               the last number of days, e.g. 7 means in the last 7 days. The
               default value of null indicates no time filtering is applied.
               Maximum number of days to filter is 30 days since today
48           style: form
49           explode: true
50 ~         schema:
51             type: integer
52             format: int32
53 ~       - name: offset
54           in: query
55           description: A offset from which the list of books are retrieved,
               where an offset of 0 means the first page of results. Default is an
               offset of 0
56           style: form
```

圖 7.9　以 OpenAPI 機讀格式表示的 Shopping API，加入端點路徑與說明。

然後參照 OpenAPI v3 的規範填入 schema 的資料，此處的資料一樣來自於第 6 章的 API profile，如圖 7.10，圖中的 ListBooksResponse 為 ListBooks 操作的回應物件。

在制定 schema 時，通常也會設定好請求／回應的資料型態定義，如圖 7.10 所示，ListBook 的回傳值是 BookSummary 的陣列，而 BookSummary 內的屬性則是書籍的基本資料，在圖中我們明確的定義了每個物件與屬性的型態。對於請求的參數，也另外定義了那些參數的型態和格式，讓客戶端能更正確的調用我們的 API，請求的參數定義如圖 7.11 所示。

```
344  components:
345    schemas:
346      ListBooksResponse:
347        title: ListBooksResponse
348        type: object
349        properties:
350          books:
351            type: array
352            items:
353              $ref: '#/components/schemas/BookSummary'
354            description: ''
355        description: "A list of book summaries as a result of a list or filter
                request. The following hypermedia links are offered:\n  \n  - next:
                (optional) indicates the next page of results is available\n  -
                previous: (optional) indicates a previous page of results is
                available\n  - self: a link to the current page of results\n  - first:
                a link to the first page of results\n  - last: a link to the last page
                of results"
356      BookSummary:
357        title: BookSummary
358        type: object
359        properties:
360          bookId:
361            type: string
362            description: An internal identifier, separate from the ISBN, that
                identifies the book within the inventory
363          isbn:
364            type: string
365            description: The ISBN of the book
366          title:
367            type: string
368            description: The book title, e.g. A Practical Approach to API Design
369          authors:
370            type: array
371            items:
372              $ref: '#/components/schemas/BookAuthor'
373            description: ''
374        description: "Summarizes a book that is stocked by the book store. The
                following hypermedia links are offered:\n  \n  - bookDetails: link to
                fetch the book details"
```

圖 **7.10**　以 OpenAPI 機讀格式表示的 Shopping API，加入 schema 定義後。

```
427 -    NewCart:
428        title: NewCart
429        required:
430        - bookId
431        - quantity
432        type: object
433 -      properties:
434 -        bookId:
435          type: string
436          description: The book that is being added to the cart
437 -        quantity:
438          minimum: 1
439          type: integer
440          description: The number of copies of the book to be added to the
                 cart
441          format: int32
442        description: Creates a new cart with the initial cart item added
443 -   NewCartItem:
444        title: NewCartItem
445        required:
446        - bookId
447        - quantity
448        type: object
449 -      properties:
450 -        bookId:
451          type: string
452          description: The book that is being added to the cart
453 -        quantity:
454          minimum: 1
455          type: integer
456          description: The number of copies of the book to be added to the
                 cart
457          format: int32
458        description: Specifies a book and quantity to add to a cart
459 -   ModifyCartItem:
460        title: ModifyCartItem
```

圖 7.11　某些 API 操作有自訂的 schema，這些自訂的 schema 有些用於排除特定的欄位，有些用於表現搜尋操作的回應資料摘要。

接著我們用時序圖來模擬真實的互動狀況，驗證目前的設計有無背離當初的工作故事或事件風暴的規劃，驗證的時序圖請見圖 7.12，圖中展示的是一個典型的用戶購物情境。

接下來我們會把截至目前為止的資料，包括前面整理的 API 彙整表、OpenAPI 機讀文件、時序圖等，分享給他人並尋求他們的意見。

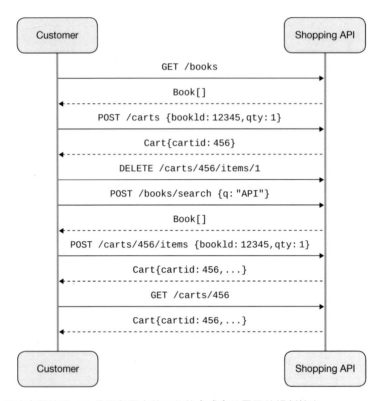

圖 **7.12**　用時序圖驗證 API 是否與原本的工作故事或事件風暴的規劃符合

第五步：分享並獲得回饋

最後一步是將設計分享出去，可以分享給團隊內的同事，也可以分享給那些早期用戶，並蒐集他們的反饋。

因為 API 一旦發布出去就相當於覆水難收，那些 API 的端點、操作、參數都難以再改變，串好的應用也不可能接受這種破壞性的改變，唯一能做的只有追加新功能或新特性，但無論如何 API 在發布前務必要檢討再檢討，分享我們的設計文件給成員們，請他們協助審閱，找出問題，鼓勵他們回饋意見，讓我們的 API 在發布前就已經是經過千錘百鍊，而不是發布後才亡羊補牢。

除了閱讀文件外，利用擬真 API（mock API）可以讓人們去測試 API 的實際行為，還可以驗證資料的正確性，相較於用眼看，動手做能獲得更好的真實體驗，擬真 API 可以利用現成的工具製作，這類工具大多可以直接讀入機讀的 API 描述文件，例如 OpenAPI 文件，就能幫我們無腦生出擬真 API，方便又快速。

在第 16 章「繼續在 API 設計的航道上」，我們會深入介紹其他的 API 生態系工具，其中某些工具能讓我們對已發布的 API 取得用戶的反饋。

決定 API 的表現格式

截至目前為止，我們已經制定了資源的名稱與屬性，現在的重頭戲是要開始來挑選適合的表現形式，也就是具體的訊息交換格式。

對於表現格式，如果貴組織已有制定 API 風格指南或標準，那只須遵循即可，然而如果這對您而言是全新的 API 專案，那就要完成一系列的工作來完善我們的 API 設計。

在格式的選擇原則方面，盡量不要三心二意，選定一種主要的格式，之後如果沒有特殊的狀況，就持續沿用該格式，每個 API 都套用一致的格式，讓開發者能更好的串接我們的 API，減少了無謂的複雜度。

然而隨著時間的演進，難免需要提供別的格式來回應市場需求，為了避免破壞現有串接，格式的遷移應該是漸進式的，如果要同時供應多種格式，那需要利用 HTTP 的內容協商（content negotiation）機制，它讓客戶端可以指定回應的格式，API 再據此回應之，關於 HTTP 與內容協商的深入介紹，可以參閱附錄的內容。

表 7.4 整理了四種主要的格式類別以及簡單的說明。

這四個類別是循序漸進的，從最基本的序列化開始，逐漸加上 hypermedia 等其他特性，當然複雜度也隨之增高，在下面的章節中，將會逐一介紹這四者特性，以及他們的範例，本章中的範例也都可以在我們的 GitHub[4] 找到。

4　https://bit.ly/align-define-design-examples

表 7.4　API 的表現格式類別

分類	說明
資源序列化	將資源以特定的格式序列化，例如 JSON、XML、Protocol Buffers、Apache Avro 等
序列化加 Hypermedia	將資源序列化加上 hypermedia 資訊
支援 Hypermedia 的通用訊息格式	不使用自訂的資源序列化格式，改用通用的訊息交換格式標準，該格式可支援埋入資源、屬性、hypermedia 等資訊
語意化的通用訊息格式	同上，但再加入語意化（semantic）的特性

資源序列化

序列化是資源最主要的表現形式，所謂的序列化就是把一份資源以某種具體的格式表達，常見的序列化格式有 JSON、XML、YAML 等，他們是以純文字為基礎的格式，基本的概念是把資源內的屬性依照格式的規範一一填入，除了純文字，也可以序列化成二進位的格式，如 Protocol Buffers[5] 或 Apache Avro[6] 等。

關於序列化的實作，多半有既有的套件可以直接做到，僅有極少數的情況需要由我們自己手刻序列化程式碼，大部分的情況都是使用既有的序列化套件，加上一些自己的邏輯，便可以完成將資源序列化的工作。

不論用哪種格式，共同的工作是將資源的屬性依照對應的欄位填入序列化格式中，因此我們在設計序列化欄位時就要注意到哪些欄位是必須的，哪些欄位又是巢狀式的，才能正確的對應到原始資源的屬性結構。原始碼 7.1 是 JSON 的格式填入 Book 資源的示範。

原始碼 7.1　JSON 序列化的資源範例

```
{
    "bookId": "12345",
    "isbn": "978-0321834577",
    "title": "Implementing Domain-Driven Design",
    "description": "With Implementing Domain-Driven Design, Vaughn has made an
important contribution not only to the literature of the Domain-Driven Design
community, but also to the literature of the broader enterprise application
```

5　https://developers.google.com/protocol-buffers/docs/proto3

6　https://avro.apache.org/docs/current

```
architecture field.",
    "authors": [
      { "authorId": "765", "fullName": "Vaughn Vernon" }
    ]
}
```

可以看到，資源序列化就是將資源內的屬性轉變成一系列特定語法的鍵／值結構。

序列化加 Hypermedia

Hypermedia 的序列化與前面的資源序列化類似，只不過加上了那些 hypermedia 的額外資訊，除了用連結表示其他相關資訊外，也可以把其他資源直接置入回應中，這種模式稱為**內嵌資源**（embedded resource）。

我們可以用一種稱為 HAL（Hypertext Application Language）[7] 的格式作為 hypermedia 的序列化格式，雖然它有著時髦的名字，但實際上 HAL 是以 JSON 為基礎再加上自有的語意擴充後的格式，因此它具有和 JSON 良好的相容性與互換性，當一個 API 從不帶 hypermedia 改版成挾帶 hypermedia 時，從 JSON 到 HAL 的格式轉變也幾乎不會破壞既有客戶端的串接，原始碼 7.2 展示了以原始碼 7.1 為基礎的 HAL 範例。

原始碼 7.2　*Hypermedia 以 HAL 序列化的範例*

```
{
    "bookId": "12345",
    "isbn": "978-0321834577",
    "title": "Implementing Domain-Driven Design",
    "description": "With Implementing Domain-Driven Design, Vaughn has made an
important contribution not only to the literature of the Domain-Driven Design
community, but also to the literature of the broader enterprise application
architecture field.",
    "_links": {
        "self": { "href": "/books/12345" }
    },
    "_embedded": {
      "authors": [
        {
          "authorId": "765",
          "fullName": "Vaughn Vernon",
```

7　Mike Kelly, "JSON Hypertext Application Language" (2016), https://tools.ietf.org/html/draft-kelly-json-hal-08.

```
      "_links": {
        "self": { "href": "/authors/765" },
        "authoredBooks": { "href": "/books?authorId=765" }
      }
    }
  ]
}
}
```

然而並非所有的格式都具備完整的 hypermedia 特性，Mike Amundsen 提出了所謂的 H-Factors[8]，它是用於評估各種格式對 hypermedia 支援完整度的要素，讀者可自行參閱。

支援 Hypermedia 的通用訊息格式

Hypermedia 在互動訊息方面，我們尋求一種具有統一的標準語法或結構的格式，該格式必須要能夠用於傳達所需要的資源、屬性、連結等資訊，才能讓用戶端能以更通用的方式解析這些資訊，而不需要又自己重新發明輪子。

有了統一的互動格式，前後端也有了共同的語言，再也不用爭論哪個屬性擺哪裡好，用共同的標準架起前後端溝通的橋樑，就好像打通前後端的任督二脈一樣，從此只需要關心資源與資訊，而不用關心底層的資料結構。

適用於 hypermedia 的序列化格式有 JSON:API[9] 與 Siren[10]，他們都符合前面提過的，有標準化的語法與結構，支援在回應中埋入補充資訊或嵌入其他資源等特性。

下面我們會以 JSON:API 為主，在此先簡單介紹 Siren，Siren 的特性與下面要介紹的 JSON:API 類似，但它加入了一些便於建構 Web UI 的 metadata 元素。

JSON:API 是另一種主流的 hypermedia 格式，它在 JSON 語法的基礎之上，規劃了許多標準的語意標籤與資料結構，讓我們得以免去自行定義這些格式的功夫。

原始碼 7.3 是一個 JSON:API 的回應範例。

8　http://amundsen.com/hypermedia/hfactor/

9　https://jsonapi.org

10　https://github.com/kevinswiber/siren

原始碼 *7.3　JSON:API 範例*

```
{
  "data": {
    "type": "books",
    "id": "12345",
      "attributes": {
      "isbn": "978-0321834577",
      "title": "Implementing Domain-Driven Design",
      "description": "With Implementing Domain-Driven Design, Vaughn has
made an important contribution not only to the literature of the Domain-
Driven Design community, but also to the literature of the broader enterprise
application architecture field."
    },
    "relationships": {
      "authors": {
        "data": [
          {"id": "765", "type": "authors"}
        ]
      }
    },
    "included": [
      {
        "type": "authors",
        "id": "765",
        "fullName": "Vaughn Vernon",
        "links": {
          "self": { "href": "/authors/765" },
          "authoredBooks": { "href": "/books?authorId=765" }
        }
      }
    ]
  }
}
```

語意化的通用訊息格式

語意化（semantic）是個牽涉廣泛的議題，hypermedia 的訊息結構也是可以賦予語意的，讓 API 也能成為語意網（Semantic Web）的一環。

在語意化的 schema 方面，一般的主流是採用 Schema.org 的方案，由於它的廣泛性，許多的系統都可讀取這些含有語意的內容並衍伸出進一步的應用，例如資料分析、機器學習等，我們的 API 也因此能與這些應用做到更好的互通，在 schema

定義以外，具體的資料格式的選擇頗多，有 Hydra[11]、UBER[12]、Hyper[13]、JSON-LD[14]、OData[15] 等。

原始碼 7.4 為 UBER 格式的範例。

原始碼 7.4 UBER 語意化格式的範例

```json
{
  "uber" :
  {
    "version" : "1.0",
    "data" :
      [
        {"rel" : ["self"], "url" : "http://example.org/"},
        {"rel" : ["profile"], "url" : "http://example.org/profiles/books"},
        {
          "name" : "searchBooks",
          "rel" : ["search","collection"],
          "url" : "http://example.org/books/search?q={query}",
          "templated" : "true"
        },
        {
          "id" : "book-12345",
          "rel" : ["collection","http://example.org/rels/books"],
          "url" : "http://example.org/books/12345",
          "data" : [
            {
              "name" : "bookId",
              "value" : "12345",
              "label" : "Book ID"
            },
            {
              "name" : "isbn",
              "value" : "978-0321834577",
              "label" : "ISBN",
              "rel" : ["https://schema.org/isbn"]
            },
```

---

11 Markus Lanthaler, "Hydra Core Vocabulary: A Vocabulary for Hypermedia-Driven Web APIs" (Hydra W3C Community Group, 2021), http://www.hydra-cg.com/spec/latest.

12 Mike Amundsen and Irakli Nadareishvili, "Uniform Basis for Exchanging Representations (UBER)" (2021), https://rawgit.com/uber-hypermedia/specification/master/uber-hypermedia.html.

13 Irakli Nadareishvili and Randall Randall, "Hyper - Foundational Hypermedia Type" (2017), http://hyperjson.io/spec.html.

14 https://json-ld.org

15 https://www.odata.org

```json
          {
            "name" : "title",
            "value" : "Example Book",
            "label" : "Book Title",
            "rel" : ["https://schema.org/name"]
          },
          {
            "name" : "description",
            "value" : "With Implementing Domain-Driven Design, Vaughn
has made an important contribution not only to the literature of the Domain-
Driven Design community, but also to the literature of the broader enterprise
application architecture field.",
            "label" : "Book Description",
            "rel" : ["https://schema.org/description"]
          },
          {
            "name" : "authors",
            "rel" : ["collection","http://example.org/rels/authors"],
            "data" : [
              {
                "id" : "author-765",
                "rel" : ["http://schema.org/Person"],
                "url" : "http://example.org/authors/765",
                "data" : [
                  {
                    "name" : "authorId",
                    "value" : "765",
                    "label" : "Author ID"
                  },
                  {
                    "name" : "fullName",
                    "value" : "Vaughn Vernon",
                    "label" : "Full Name",
                    "rel" : "https://schema.org/name"
                  }]}]},
          ]}]}}
```

雖然把語意化的結構套下去之後整個訊息就變胖了，但換來的是讓客戶端可以「讀懂」裡面的內容，這讓客戶端有更多的可能性，例如提供更有效率的 UI/UX、更動態的頁面元素、更流暢的頁面跳轉、更輕量化的客戶端……等等。

因為訊息是語意化的，所謂的「讀懂」就是客戶端不用自備商業邏輯，而是根據訊息的語意，解讀後調用適當的 UI 元件組出完整的 UI。

一般的情況下我們建議盡量在一則回覆中給出盡量多的資訊，包括上面提到的商業邏輯的部分，讓客戶端負擔更少的商業邏輯、更輕量化，這就好比 HTML 與瀏覽器的關係，瀏覽器從不需要為某個網站內建某些程式碼，而一律是接收來自 HTML 的內容並加以演算之，它負責的是提供一個穩定安全的執行環境，而 API 的服務端與客戶端也可是這種模式，客戶端盡量減少商業邏輯的程式碼，只要接受來自服務端的訊息，並正確的組裝出 UI 即可，雖然這樣的模式表示訊息的體積會變肥，但關注點分離下對雙方都是更好也更能發揮彈性的作法。

常見的 REST API 設計模式

要完整的討論 REST API 的設計模式，篇幅可能會多到可以寫出一本書，因此此處僅介紹某些常見的 REST API 設計模式，下文介紹每一種設計模式的優點及使用時機。

CRUD

CRUD（Create-Read-Update-Delete，增刪查改）指的是 API 讓外界對得以對資源施行新增、刪除、讀取、修改的能力，CRUD 表示的是一個資源的生命週期內的主要的四種狀態。

針對資源本身特性的不同，有的會提供完整的 CRUD 能力，有的可能只會提供一部分的 CRUD 能力，下面是一組典型的 CRUD 設計模式：

- `GET /articles`：列出所有的文章，也可能具有分頁或篩選的特性。
- `POST /articles`：建立一篇新的文章。
- `GET /articles/{articleId}`：取得某篇文章。
- `PUT /articles/{articleId}`：取代某篇文章。
- `PATCH /articles/{articleId}`：更新某篇文章的欄位（意即部分更新）。
- `DELETE /articles/{articleId}`：刪除某篇文章。

在 CRUD 對資源的粒度大小規劃上，如果過細，那麼客戶端將被迫發出多次請求才能完成某個事務，並且只要那些請求中的某個失敗，那就得設計出複雜的回退機制來一一還原每個請求，並且還要考慮到潛在的副作用，因此我們建議以資源為基礎去規劃粒度，而不要以底層的資料模型去規劃粒度，那會導致過細的粒度與不必要的複雜性。

更多的資源生命週期

一個資源的生命週期中，除了主要的 CRUD 四種狀態，也很有可能還有其他更細緻的狀態，在規劃其他狀態時，除了必須要符合 HTTP 規範外，還要考量到它適合哪種 HTTP 方法。

舉例來說，一套內容管理系統它的 Article 資源除了基本的 CRUD 外，還要添加審閱與批准兩種操作，為此可以規劃出相關的操作如下：

- POST /articles/{articleId}/submit

- POST /articles/{articleId}/approve

- POST /articles/{articleId}/decline

- POST /articles/{articleId}/publish

有了這些操作之後，就能為每篇文章賦予審閱和批准的能力，除此之外，還有下面這些好處：

- 這些細緻的操作端點都是獨立的，可以對資源設置精確的存取控制政策，而不僅是用粗略的 PUT 或 PATCH 來操作這些細微的狀態。

- 搭配 hypermedia 的特性，讓服務端可以根據用戶的身分來決定要附加那些操作。

- 這些操作讓資源可以更明確的表達出當下的狀態，客戶端可以省去自行設計狀態機（state machine）來管理狀態的功夫。

對於不喜歡這種多端點操作風格的人來說，可以用 hypermedia 作為替代方案，在一則回覆中挾帶 hypermedia 告訴客戶端可以有哪些操作，這樣就能用 HTTP 的 PUT 或 PATCH 對 hypermedia 指定的端點發動請求，達到類似的效果。

Singleton 的資源

Singleton 資源用於表示一種虛擬的資源，它並不是一個具體的資源，而僅是某個具體資源的化身，客戶端可以與這個化身互動，而動作會反應到背後的真身上（常見的應用如用戶的帳號頁）。

一個 singleton 資源之下也可以有另一個 singleton 資源，即巢狀的 singleton 資源，當然必須得是那個父 singleton 的真身下面也有關聯一個唯一且獨立的資源才可以，為了更好理解，下面用實例來說明：

- GET /me：作為 GET /users/{userId} 的化身，如此用戶就不用特意去記他們的 ID，也可以避免誤存取到他人帳號頁的風險。

- PUT /users/5678/configuration：用於管理用戶 5678 的個人配置，而每個用戶底下只有一個 configuration 資源，所以用一個 singleton 代表那個唯一的 configuration 資源。

Singleton 資源是由服務端產生的，對客戶端來說沒有建立和刪除 singleton 資源的概念與必要，而客戶端對 singleton 資源做的其他行為，例如 GET、PUT、PATCH 等都會反應到 singleton 資源背後的真身上。

背景（隊列）工作

HTTP 基本的工作模式是請求 / 回覆，但對於某些難以立即回覆的、需要長時間處理的請求，HTTP 與該請求的連線就必須一直保持著，這造成了網路與運算資源的浪費，對於此種情況，我們可以用 HTTP 的 202 Accepted 回應碼來解決這樣的問題。

用例子來說明，某個 API 操作接受大量的帳號匯入，而客戶端就丟出了下面這些要建帳號的資料：

```
POST /bulk-import-accounts
Content-Type: application/json

{
    "items": [
        { ... },
        { ... },
```

```
        { ... },
        { ... }
    ]
}
```

服務端可以回覆以下內容，表示請求已收到，沒問題，但尚未處理完畢：

```
HTTP/1.1 202 Accepted
Location: https://api.example.com/import-jobs/7937
```

在上面的回覆中，HTTP 標頭的 `Location` 網址用於讓客戶端查詢處理進度，於是客戶端可以隔一小段時間後，對該網址發出請求查詢目前進度，假設服務端回覆進度如下：

```
HTTP/1.1 200 OK

{
    "jobId": "7937",
    "importStatus": "InProgress",
    "percentComplete": "25",
    "suggestedNextPollTimestamp": "2018-10-02T11:00:00.00Z",
    "estimatedCompletionTimestamp": "2018-10-02T14:00:00.00Z"
}
```

如此客戶端就可以得知目前的處理狀況，這種模式稱為「觸發與跟進模式」（fire-and-follow-up pattern）。相反的，如果不需要後續的跟進措施，那也就不用再發出請求去追問後續的狀況，這種模式稱為「射後不理模式」（fire-and-forget pattern）。

REST 的長跑型互動問題

有時候某些複雜的應用需要連續跨不同的 API 端點，如果是 SOAP，它有制定 WS-Transaction 規範來管理跨 API 的互動，讓服務端與客戶端都有管理連線的機制，雖然 REST 並未有類似的規範，但我們仍然可以用特定的設計模式來解決這樣的問題。

舉例來說，有一支訂位 API，而且訂位後必須在時限內完成付款，否則座位將被釋出，這支訂位 API 也有複數訂位和挑選區域的功能，例如這樣：

```
GET /seats?section=premium&numberOfSeats=4
```

假設當下有四個可預約的空位，然而我們的訂位 API 卻把每個座位都做成獨立的
API 端點，客戶端必須針對每個座位發出各自的訂位請求，於是客戶端分別發出四
筆請求如下：

```
PUT /seats/seat1 to reserve seat #1
PUT /seats/seat2 to reserve seat #2
PUT /seats/seat3 to reserve seat #3 <-- 假設這個請求失敗了，試問該如何處置？
PUT /seats/seat4 to reserve seat #4
```

一旦發生三號雅座的訂位失敗問題，客戶端將會很難作出妥善的處理，後續的付款
流程也將變得複雜，為了不要為難客戶端，也不要為難自己，在服務端應該用另一
種訂位設計，用一個獨立的端點接受多個訂位請求，範例如下：

```
POST /reservations
{
   "seatIds": [ "seat1","seat2", "seat3", "seat4"]
}
```

在這種設計下，成功的訂位會建立一筆新的 Reservation 紀錄，設計上還可以對成功
的 Reservation 做四位併桌或其他的客製化流程，反之若是失敗，也是四個訂位都失
敗，僅須重試而不用設計複雜的錯誤處理以及付款機制，而如果訂位到付款的時間
逾時，那麼也只要將座位全部釋出重新來過即可。

哪裡還有其他的設計模式？

本節介紹的僅是最常見的幾種設計模式，在我們的 GitHub[16] 中有更多的設計模
式可供參考。

總結

每當說到 REST，許多人都誤以為只要把 CRUD 和 JSON 湊在一起就是 REST，實
際上 REST 是一種賦予在系統上的架構性約束，這些約束會為系統帶來一些特性和
優點，當然 REST 通常是用 CRUD 這種模式來讓客戶端與資源作互動，但不表示
CRUD 就是 REST 的全部，CRUD 僅是 REST 的一種設計模式。

16　https://bit.ly/align-define-design-examples

在本章中，我們介紹了 REST API 設計的五個步驟，以及 REST 的架構性約束，將 REST 與之前的 API profile 結合產生 API 描述文件，API 描述文件具有可機讀的特性，可以讓其他的 API 生態工具方便的使用我們的 API，也能讓開發者藉此更便利的串接我們的 API。

對於 REST 以外的選擇，後續將會介紹 GraphQL 與 gPRC 另外兩種 API 風格，他們各有不同的適用情境與特性，請見第 8 章了解更深入的介紹。

第八章

RPC 與 Query-Based API 設計

要為一個網路應用選擇正確的架構風格，首先要了解問題的領域，進而了解應用的互動需求，還要了解各種架構的特性與他們所能解決的問題。

—Roy Fielding

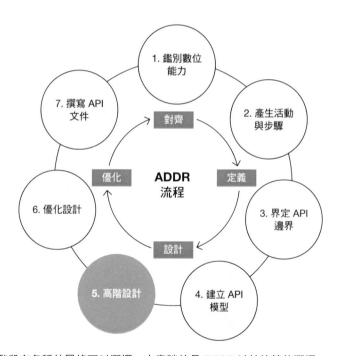

圖 8.1　設計階段有各種的風格可以選擇，本章談的是 REST 以外的其他選擇。

上一章的 REST API 是市場上最常見的 API 風格，但還是有某些 REST 不適用的情境，身為一個專業的 API 職人，我們應該要多方面了解各種 API 風格的優缺點，並根據實際的應用來選擇最適合我們的 API 風格。

在 REST 以外，RPC（remote procedure call，遠端程序呼叫）與 query-based API（查詢式 API）是另外兩種最常用的 API 風格，其中的 RPC 已存在數十年之久，近年來 Google 釋出 gPRC 後又再次重返榮耀，而 query-based API 則以 GraphQL 為主流，它能為前端提供客製化的查詢機能，更符合當代的前端需求。

在多種 API 風格可供選擇的情況下，我們必須知道每種風格的優缺點以及適用的場景，對於某些 API 產品，可能只要一種風格就可以滿足多數的用戶需求，而對於較複雜的應用場景，可能就需要提供多種的 API 風格讓客戶端串接，這取決於應用的特性與開發者的偏好。

本章節將介紹 RPC 與 query-based API 風格，以及他們如何與 REST 互相搭配、截長補短的議題（如圖 8.1），也會介紹他們兩者的設計流程，在設計流程上，一樣會以第 6 章「建立 API 模型」的 API profile 為基礎展開設計工作。

什麼是 RPC API ？

RPC 的概念是執行遠端的程式碼，並且雖然是在遠端，但過程與執行本機的程式碼無異，基本的過程是服務端給客戶端一個程序清單，讓客戶端知道服務端可以跑哪些程序，以及那些程序各自的參數和回應結構等等。

在 RPC 的架構下，客戶端與服務端的程序是緊密綁定的，服務端的配置一旦有變，那客戶端也必須隨之修改，緊密綁定的好處之一是主客端間的運作效率較高。

RPC 在實作上會根據底層程式語言或套件而異，例如 Java 的實作是依賴 RMI（remote method invocation，遠端方法呼叫）套件來實現跨網路的物件序列化與互動，其他的 RPC 語言套件或框架還有 CORBA、XML-RPC、SOAP RPC、JSON-RPC，以及本章會談到的 gRPC 等。

下面是一個走 HTTP 的 JSON-RPC 範例，其中要呼叫的方法（程序）、參數、參數順序等都是要遵守服務端規範的，這也是我們說 RPC 具有主客端高度綁定特性的原因：

```
POST https://rpc.example.com/calculator-service HTTP/1.1
Content-Type: application/json
Content-Length: …
Accept: application/json

{"jsonrpc": "2.0", "method": "subtract", "params": [42, 23], "id": 1}
```

多數的 RPC 套件都有提供現成的工具幫我們產生服務端與客戶端的程式碼，那些產出的程式也一併處理好了主客端間的連線互動機制，然而因為 RPC 畢竟走的是網路，因此就不可忽視那〈分佈式系統的八個謬誤〉[1] 提到的那些因網路而生的問題，所幸那些現成的 RPC 套件也大多有考慮到網路的不穩定性，提供了內建的錯誤處理機制與介面讓我們可以較方便的捕捉那些錯誤而不用處理過於底層的連線細節。

RPC 是用 IDL（interface definition language，介面描述語言）文件來定義程序的介面，IDL 是一種可用於機讀的文件，將 IDL 餵給 RPC 的程式產生器後即可得到服務端和客戶端的程式碼，我們的系統可以直接用那些程式碼來實現一套 RPC API，但也因此一旦想要變更介面，得回頭從 IDL 改起，並且再一次的跑產生器，所以我們說 RPC 的特性之一是主客端是高度綁定的，並且難以做單方面的修改。

gRPC 協議

gRPC 是 Google 2015 年發起的協議，最初它只是 Google 內部的工具，後來對外發布並開源，變成一種普遍流行的 RPC 協議之一，著名的容器管理工具 Kubernetes 也是 gRPC 的採用者。

gRPC 的基礎是以 HTTP/2 作為底層的通訊協議，以及以 Protocol Buffers[2] 實現資料的序列化，利用 HTTP/2 的雙向串流特性實現主客端的互動，圖 8.2 是不同語言的 gRPC 互動示意圖，其中的 gRPC Server 是以 GoLang 開發的。

1　Wikipedia, s.v. "Fallacies of Distributed Computing," last modified July 24, 2021, 20:52, https://en.wikipedia.org/wiki/Fallacies_of_distributed_computing.

2　https://developers.google.com/protocol-buffers.

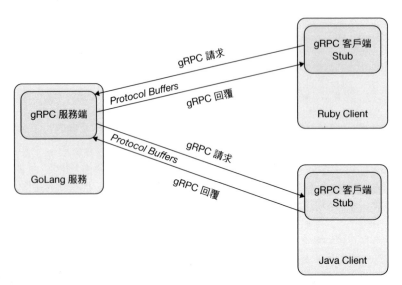

圖 8.2　gRPC 的互動示意圖，在共同的 gRPC 框架下，可以實現跨語言的呼叫。

預設情況下，gPRC 使用 Protocol Buffers 的 proto 格式來定義服務、方法，Protocol Buffers 也用於 gRPC 的主客端之間的訊息交換，原始碼 8.1 是一個 gRPC 的減法程序的 IDL（interface definition language，介面描述語言）範例。

原始碼 8.1　gRPC 的 IDL 範例，定義了減法程序

```
// calculator-service.proto3
service Calculator {
  // 兩個整數相減
  rpc Subtract(SubtractRequest) returns (CalcResult) {}
}

// 請求的訊息包含要相減的兩個值
message SubtractRequest {
    // 減數
  int64 minuend = 1;
    // 被減數
  int64 subtrahend = 2;
}
// 回覆的訊息為計算結果
message CalcResult {
  int64 result = 1;
}
```

使用 RPC 的考慮因素

RPC API 的特徵是主客端是高度綁定的，高耦合換來的是相對好的效能，高耦合具體表現在開發流程上，典型的作法是在服務端定義好程序後，RPC 套件就可以快速的幫我們產出服務端與客戶端的程式，而這兩組程式是高度綁定的，好處是顯而易見的，它大大的縮短了開發時間，特別是對全端開發團隊來說，RPC 顯然是個很有吸引力的選擇。

相對的，RPC 也因此有下列缺點，在導入前要審慎評估：

- 主客端是高度耦合的，一旦改動 RPC 的程序定義則客戶端一定要隨之改版。

- 序列化的格式是死的，不能像 REST API 那樣可以指定媒體類型（media type），HTTP 的內容協商機制也無法使用。

- 如果客戶端是瀏覽器，gRPC 或其他的 RPC 套件會要求加入額外的中介層（middleware），並強制使用它指定的驗證與存取控制機制才能與 API 端點互動。

導入 gRPC 前特別要考慮當客戶端是瀏覽器的情況，gRPC 必須依賴 HTTP/2，並且它會附加自己的安全性聲明在 HTTP 標頭內，瀏覽器並不提供原生的 gRPC 支援，因此需要用 grpc-web[3] 這樣的第三方套件來讓主客端雙方面各自實現對 gRPC 的支援。

因為 RPC 的主客端高度綁定特性，一般來說較適用於全端自主開發的團隊，如果是主客端分開開發，那務必確保讓兩端的 RPC 介面保持一致。

RPC API 設計流程

與上一章一樣，RPC 設計流程也會以第 6 章的 API profile 為基礎，API profile 已經整理好我們的 API 的完整資訊與特性，下面的設計流程三部曲中，將會以 API profile 的資料為基礎，使用 gRPC 和 Protocol Buffers 一步步實現 RPC API 設計，如果是其他的 RPC 框架的用戶，只要會舉一反三，本章的內容依然適用。

3　https://github.com/grpc/grpc-web

第一步：識別 RPC 操作

首先將原有的 API profile 轉換成如圖 8.3 的表格。

比照 API profile 的操作命名模式，為 RPC 的操作命名，讓操作的名稱得以直觀的表達出該操作的行為及資源，這符合我們一貫的以資源為中心的命名原則。

第二步：為 RPC 操作加入細節

繼續以 API profile 為基礎，將每個操作的請求參數與回應填入表格中，在 RPC 的世界中，儘管呼叫的是遠端程序，但調用的過程與調用本機程序是類似的，參數都是以清單的方式餵給函式，因此表格內的請求參數欄位放入要輸入的參數列表，而回應欄位則放回應的物件列表。

在 gRPC 方面，因為它底層是用 Protocol Buffers 來作訊息互動，我們必須把參數封裝在一筆訊息內，要確認每個操作都設定好自己的請求訊息格式，在回應方面，也是以訊息的方式回應，訊息裡面可能有某些資源或陣列物件，當然也有可能回覆錯誤訊息，圖 8.4 為 Shopping API 加上訊息定義後的範例。

在錯誤回應方面，服務端必須用統一的方式給出錯誤回應，服務端也才能設計出統一的處理機制，在此我們建議用 google.rpc.Status 模組，它支援在回應內附加錯誤發生的細節，也是 gRPC 通用的標準模組之一。

操作名稱	說明	請求參數	回應
listBooks()	依分類或出版日期列出書單		
searchBooks()	依作者或書名搜尋		
viewBook()	檢視一本書的商品詳情		
viewCart()	檢視當前購物車的品項及小計		
clearCart()	將用戶購物車的全部品項移除		
addItemToCart()	將書籍加入用戶的購物車		
removeItemFromCart()	將書籍自用戶的購物車移除		
getAuthorDetails()	取得作者詳情		

圖 **8.3** 以第 6 章的 API profile 為基礎的 RPC API 表格

操作名稱	說明	請求參數	回應
listBooks()	依分類或出版日期列出書單	ListBookRequest -categoryId -releaseDate	ListBookResponse -Book[] 或 google.rpc.Status + ProblemDetails
searchBooks()	依作者或書名搜尋	SearchQuery -query	SearchQueryResponse -Book[] 或 google.rpc.Status + ProblemDetails
viewBook()	檢視一本書的商品詳情	ViewBookRequest -bookId	Book 或 google.rpc.Status + ProblemDetails
viewCart()	檢視當前購物車的品項及小計	ViewCartRequest -cartId	Cart 或 google.rpc.Status + ProblemDetails
clearCart()	將用戶購物車的全部品項移除	ClearCartRequest -cartId	Cart 或 google.rpc.Status + ProblemDetails
addItemToCart()	將書籍加入用戶的購物車	AddCartItemRequest -cartId -quantity	Cart 或 google.rpc.Status + ProblemDetails
removeItemFromCart()	將書籍自用戶的購物車移除	RemoveCartItemRequest -cartId -cartItemId	Cart 或 google.rpc.Status + ProblemDetails
getAuthorDetails()	取得作者詳情	GetAuthorRequest: -authorId	BookAuthor 或 google.rpc.Status + ProblemDetails

圖 8.4 RPC API 表格，加上請求與回覆資訊後。

第三步：撰寫 API 設計文件

以前面整理的表格為基礎，製作出 RPC API 的 IDL（interface definition language，介面描述語言）文件，以 gRPC 為例，它的 IDL 文件為 Protocol Buffers 格式文件，原始碼 8.2 展示的是 Shopping Cart API 的 gRPC 文件。

原始碼 8.2　*Shopping API 的 gRPC IDL 文件*

```
// Shopping-Cart-API.proto3

service ShoppingCart {
  rpc ListBooks(ListBooksRequest) returns (ListBooksResponse) {}
  rpc SearchBooks(SearchBooksRequest) returns (SearchBooksResponse) {}
  rpc ViewBook(ViewBookRequest) returns (Book) {}
  rpc ViewCart(ViewCartRequest) returns (Cart) {}
  rpc ClearCart(ClearCartRequest) returns (Cart) {}
  rpc AddItemToCart(AddCartItemRequest) returns (Cart) {}
  rpc RemoveItemFromCart(RemoveCartItemRequest) returns (Cart) {}
  rpc GetAuthorDetails() returns (Author) {}
}
message ListBooksRequest {
  string category_id = 1;
  string release_date = 2;
}
message SearchBooksRequest {
  string query = 1;
}
message SearchBooksResponse {
  int32 page_number = 1;
  int32 result_per_page = 2 [default = 10];
  repeated Book books = 3;
}
message ViewBookRequest {
  string book_id = 1; }
message ViewCartRequest {
  string cart_id = 1;
}
message ClearCartRequest {
  string cart_id = 1;
}
message AddCartItemRequest {
  string cart_id = 1;
  string book_id = 2;
  int32 quantity = 3;
```

```
}
message RemoveCartItemRequest {
  string cart_id = 1;
  string cart_item_id = 2;
}
message CartItem {
  string cart_item_id = 1;
  Book book = 2;
  int32 quantity = 3;
}
message Cart {
  string cart_id = 1;
  repeated CartItem cart_items = 2;
}
```

RPC 的高階設計至此打完收工，將上面的 IDL 文件餵給 RPC 的程式碼產生器，它就能幫我們生出服務端和客戶端的程式碼，再以那些程式碼為基礎就可以開始展開自己的程式工作，如果是要從 IDL 的機讀文件產出人讀文件的話，也有 protoc-gen-doc[4] 這類工具可以利用。

最後再次提醒，RPC 介面與程式邏輯是高度綁定的，一旦程式改動，也必須重新跑程式碼產生器，將主客端的 RPC 模組置換成新的，過程略為複雜，不是敲幾個鍵盤就能搞定的事。

不論是 RPC 或 REST 的 API 設計，都是以之前的 API profile 為基礎，這體現了 API 模型的意義與重要性，如同古語說的「謀定而後動，知止而有得」，不論是用哪種具體的 API 設計風格，都不能背離當初 API 建模之時的規劃，因為那些都來自於對用戶的動機、需求、情境的理解。

什麼是 Query-Based API ？

顧名思義，query-based API 是以查詢為基礎的 API，它提供豐富的查詢能力，讓客戶端自行輸入要查詢的條件，而 API 則根據查詢的條件回覆結果，也有將查詢結果做分頁、過濾的能力，除了查詢，也支援基本的 CRUD 與其他的操作。

4　https://github.com/pseudomuto/protoc-gen-doc

多數的 query-based API 有接受客製回應格式的特性，客戶端可以指定回應的格式或欄位，也可以指定對資源圖譜的探勘深度，深度的資源圖譜探勘可以把與主要資源相關的父子輩資源都一次採集回覆，一次性的把祖宗十八代都挖出來，省去了多次的 API 查詢往返，反之淺層的資源圖譜探勘則是點到為止，避免多餘的傳輸，提高運行效率，客製回應的特性讓不同的客戶端適得其所，流量及運算資源敏感的手機客戶端可以採用淺層的資源探勘策略，而其他客戶端則可以用深度的資源探勘策略。

理解 OData

Query-based API 的類別中，兩種最流行的流派是 OData 和 GraphQL，OData[5] 是由 OASIS 管理的一種標準化協議，它是以 HTTP 和 JSON 為基礎的 query-based API，它和 REST 有著共同的基礎，並且同樣都以「資源」為核心概念，兩者頗有相近之處。

OData 也是由不同的 URL 路徑來表示不同的資源，它也可以挾帶 hypermedia 的相關資源或連結，除了基本的 CRUD 外，OData 也支援其他自訂的操作，還支援在請求參數內調用特定的函式，原始碼 8.3 是一個 OData 的範例，範例中請求了加州舊金山地區的所有機場的資料，可以看到請求的 URL 中使用了一個過濾函式。

原始碼 8.3　一個 *OData* 的加州舊金山機場 *API* 範例，請求中調用了過濾函式

```
GET /OData/Airports?$filter=contains(Location/Address, 'San Francisco')

{
    "@odata.context": "/OData/$metadata#Airports",
    "value": [
        {
            "@odata.id": "/OData/Airports('KSFO')",
            "@odata.editLink": "/OData/Airports('KSFO')",
            "IcaoCode": "KSFO",
            "Name": "San Francisco International Airport",
            "IataCode": "SFO",
            "Location": {
                "Address": "South McDonnell Road, San Francisco, CA 94128",
                "City": {
                    "CountryRegion": "United States",
```

5　https://www.odata.org/documentation

```
                    "Name": "San Francisco",
                    "Region": "California"
                },
                "Loc": {
                    "type": "Point",
                    "coordinates": [
                        -122.374722222222,
                        37.6188888888889
                    ],
                    "crs": {
                        "type": "name",
                        "properties": {
                            "name": "EPSG:4326"
                        }
                    }
                }
            }
        }
    ]
}
```

OData 的優勢在於它既有與 REST 相似的 API 結構，又具有豐富的查詢功能，但對小型的 API 專案來說，要用上 OData 可能過於複雜，OData 對大型專案是個比較有吸引力的選擇。

許多的大型企業，如 Microsoft、SAP、Dell 都是 OData 的採用者，特別是 Microsoft Grpah API[6] 更是一個以 OData 為基礎的大型 API 產品，它讓我們的應用能有串接 Office 的能力，除了存取資料外，還有豐富的查詢功能。

探索 GraphQL

GraphQL[7] 是 query-based API 中的另一支主流門派，最早是由 Facebook 在 2012 年開發，在 2015 年公開發布，它的目標是讓客戶端可以自行決定回應的粒度與深度，相當符合當代 SPA（single-page application，單頁應用）與手機應用的需求。

在 GraphQL 的使用上，所有的互動都只用到 HTTP 的 POST 或 GET，而具體請求的內容則以 GraphQL 查詢語言撰寫，客戶端可以自訂要那些資源以及回覆的格式，也可以直接在查詢內對服務端下達某些運算或邏輯指令，以此獲得運算後的結果。在

---

6   Microsoft, "Overview of Microsoft Graph," June 22, 2021, https://docs.microsoft.com/en-us/graph/overview.

7   https://graphql.org

資源的表達方面則有特定的 schema 結構表示，原始碼 8.4 是一個 GraphQL 的查詢範例。

原始碼 8.4　以 *IATA* 機場代碼查詢舊金山國際機場資訊的 *GraphQL* 範例

```
POST /graphql

{
  airports(iataCode : "SFO")
}

{
  "data" : {
    {
      "Name": "San Francisco International Airport",
      "iataCode": "SFO",
      "Location": {
        "Address": "South McDonnell Road, San Francisco, CA 94128",
        "City": {
          "CountryRegion": "United States",
          "Name": "San Francisco",
          "Region": "California"
        },
        "Loc": {
        "type": "Point",
        "coordinates": [
          -122.374722222222,
          37.6188888888889
          ]
        }
      }
    }
  }
}
```

GraphQL 服務可以作為既有 REST API 的前端，它負責解析客戶端的請求並向後端的 REST API 取得資料後再彙整回應給客戶端，這樣的特性讓它在大前端時代很受歡迎，對企業級應用也有很大的吸引力。

GraphQL 的設計上是以單一端點與客戶端進行互動，然而這也帶來 GraphQL 難以利用 HTTP 既有特性的問題，如 HTTP 原生的內容協商機制，客戶端將難以透過此機制要求 JSON 以外的回應格式，此外以 HTTP 標頭實現的 OCC（optimistic concurrency control，樂觀並行控制）機制也將無法實現，過往我們在 SOAP 也有遇到類似的問題，因為 SOAP 並非專門為 HTTP 設計的，它支援 HTTP、SMTP、JMS

等多個通訊協議，因此也難以依賴 HTTP 的部分特性，他們都需要靠其他的方式解決這些回應格式、OCC 等的需求。

不僅如此，GraphQL 的單端點設計在身份授權與流量管控方面也都會有問題，身份授權可能得依靠某些 API 閘道的服務，而流量管控也無法根據路徑和 HTTP 方法來管控，得重新設計控管機制。

Query-Based API 設計流程

Query-based API 設計流程與之前的 REST 或 RPC 設計流程類似，都是以 API profile 為基礎展開，略為不同的是 GraphQL 需要建立資源圖譜，具體的步驟請見下文。

第一步：設計資源與圖譜結構

第一步也是最重要的一步是為所有的資源設計圖譜結構，也就是資源之間的關聯性，可喜可賀的是，我們早在第六章就已經建立好資源之間的關聯性了，如果讀者錯過的話，請回到第 6 章完成 API 模型。圖 8.5 與圖 8.6 為資源圖譜的範例，內容來自第六章的書屋案例。

確認好資源之間的關係後，接著開始設計 query 和 mutation 操作。

Book 資源	
屬性名稱	說明
title	書名
isbn	ISBN 書號
authors	作者，Book Author 的清單

Book Author 資源	
屬性名稱	說明
fullName	作者全名

圖 8.5　第 6 章的 Shopping API 的 Book 資源及其關聯的 Book Author 資源

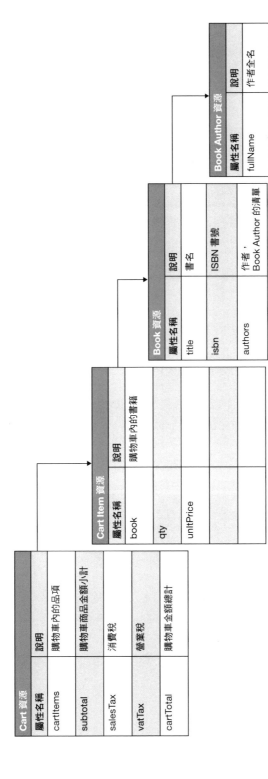

圖 8.6　第 6 章的 Shopping API 的 Cart 資源及其關聯的其他資源

第二步：設計 Query 和 Mutation 操作

在前面在第 6 章的 API profile 表格中，我們已經標示過每個操作的安全性，有的是 *safe*，有的是 *idempotent* 或 *unsafe*，這一步我們將 API profile 的操作轉換成 GraphQL 的操作，依照安全性的不同做不同的轉換，標示為 safe 的操作，將其標示為 GraphQL 的 query（查詢）操作，而標示為 idempotent 或 unsafe 的操作則標示為 GraphQL 的 mutation（異動）操作，圖 8.7 為 Shopping API 的 GraphQL 的範例。

儘管 GraphQL 在設計上支援 query（查詢）和 mutation（異動）作業，但某些情況下如果只打算把 GraphQL 用於 query 作業，那與異動（mutation）相關的作業就要走別的 API 管道，例如 REST。

API 的基本資料整理好後，開始填上後面的請求參數與回應細節，同樣的這些細節也早在 API 建模階段就已經整理過了，現在只要把他們轉換成 GraphQL 的格式即可，如圖 8.8。

第三步：撰寫 API 設計文件

最後來準備 API 設計文件，原始碼 8.5 是 GraphQL 的範例，範例中我們依照前面彙整好的表格依照 GraphQL 的語法寫出每種資源的 schema。

原始碼 8.5　*Shopping Cart API 的 GraphQL schema 範例*

```
# API Name: "Bookstore Shopping API Example"
#
# The Bookstore Example REST-based API supports the shopping experience
of an online bookstore. The API includes the following capabilities and
operations...
#

type Query {
    listBooks(input: ListBooksInput!): BooksResponse!
    searchBooks(input: SearchBooksInput!): BooksResponse!
    viewBook(input: GetBookInput!): BookSummary!
    getCart(input: GetCartInput!): Cart!
    getAuthorDetails(input: GetAuthorDetailsInput!): BookAuthor!
}
type Mutation {
    clearCart(): Cart
```

操作類型	操作名稱	說明	請求參數	回應
Query	listBooks()	依分類或出版日期列出書單		
Query	searchBooks()	依作者或書名搜尋		
Query	viewBook()	檢視一本書的商品詳情		
Query	viewCart()	檢視當前購物車的品項及小計		
Mutation	clearCart()	將用戶購物車的全部品項移除		
Mutation	addItemToCart()	將書籍加入用戶的購物車		
Mutation	removeItemFromCart()	將書籍自用戶的購物車移除		
Query	getAuthorDetails()	取得作者詳情		

圖 8.7　Shopping API profile 加上 GraphQL 的操作類型

```
    addItemToCart(input: AddCartItemInput!): Cart
    removeItemFromCart(input: RemoveCartItemInput!): Cart
}
type BooksResponse {
    books: [BookSummary!]
}
type BookSummary {
    bookId: String!
    isbn: String!
    title: String!
    authors: [BookAuthor!]
}
type BookAuthor {
    authorId: String!
    fullName: String!
}
type Cart {
    cartId: String!
    cartItems: [CartItem!]
}
type CartItem {
    cartItemId: String!
    bookId: String!
    quantity: Int!
}
input ListBooksInput {
    offset: Int!
    limit: Int!
}
input SearchBooksInput {
    q: String!
    offset: Int!
    limit: Int!
}
input GetAuthorDetailsInput {
    authorId: String!
}
input AddCartItemInput {
    cartId: String!
    bookId: String!
    quantity: Int!
}
input RemoveCartItemInput {
    cartId: String!
    cartItemId: String!
}
```

操作類型	操作名稱	說明	請求參數	回應

Query	listBooks()	依分類或出版日期列出書單	query {
			　Book (categoryId, releaseDate) {
			　　....
			　}
			}
				Book[]

Query	searchBooks()	依作者或書名搜尋	query {
			　Book (searchQuery) {
			　　....
			　}
			}
				Book[]

Query	viewBook()	檢視一本書的商品詳情	query {
			　book(bookId) {
			　　....
			　}
			}
				Book

Query	viewCart()	檢視當前購物車的品項及小計	query {
			　cart(cartId) {
			　　....
			　}
			}
				Cart

Mutation	clearCart()	將用戶購物車的全部品項移除	mutation clearCart { 　cartId	Cart

Mutation	addItemToCart()	將書籍加入用戶的購物車	mutation addItemToCart {
			　cartId
			　bookId
			　quantity
			}
				Cart

Mutation	removeItemFromCart()	將書籍自用戶的購物車移除	mutation removeItemFromCart { 　cartId 　cartItemId	Cart

Query	getAuthorDetails()	取得作者詳情	query {
			　BookAuthor (authorId) {
			　　....
			　}
			}
				BookAuthor

圖 8.8　Shopping API profile 加上 GraphQL 的請求參數與回應

有了機讀文件之後，用工具幫我們生出人讀文件也是一定要的，例如 graphql-docs[8] 這樣的文件產生器，此外也有 GraphQL 的互動測試工具 GraphQL Playground[9] 可以使用，這些都是測試除錯兩相宜的好幫手。

以上本章所有的範例都可以在 GitHub[10] 找到。

總結

REST 並非唯一，在某些情況下 RPC 或 query-based API 可能是更適合的方案，或者也有可能同時選用數種 API 風格以滿足用戶的需求。

儘管每種 API 設計風格的流程略有不同，但相同的是他們都源自於我們早期的 API profile，以及更早的那些來自工作故事或事件風暴對需求的洞察，最根本的來自於我們一貫的初衷，對問題、需求、情境的共同理解。在下個章節我們會討論到異步 API 的特性，請前往第 9 章「異步 API」。

8　https://www.npmjs.com/package/graphql-docs

9　https://github.com/graphql/graphql-playground

10　https://bit.ly/align-define-design-examples

第九章

異步 API

安全性的關鍵在於封裝，擴展性的關鍵在於訊息傳遞。

—Alan Kay

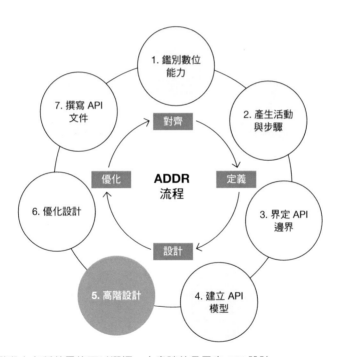

圖 9.1　設計階段有各種的風格可以選擇，本章談的是異步 API 設計。

當我們在談 Web API 時，多數的討論都是圍繞著同步式的請求／回應展開，不論是 REST、RPC、query-based API 皆然，因為同步的概念較簡單也夠直覺，對非開發者而言也能夠理解，也是最普遍的選擇。

然而同步 API 有其限制，當新的狀態發生時無法由 API 主動告知，需要客戶端自行向 API 發出詢問。

而異步 API 解除了這些限制，它把資料更新的主動權從客戶端轉向服務端，同步 API 的概念是由客戶端發起對話來更新資料，而異步 API 的概念是由服務端主動發送事件給客戶端，客戶端僅負責處理事件，在統一的事件發送機制下，當開發一個新模組時，可以直接調用既有的事件發送機制，而不用為它開發一套專屬的同步輪詢機制。

異步 API 可以幫我們的帶來通知與串流的特性，但在導入異步機制時必須顧及某些考量，這也是本章的主題，在此將會討論到異步 API 的特性、問題，以及設計模式，並且再次以第 6 章的 API 模型為基礎，帶領讀者走過異步 API 的設計流程。

輪詢的問題

當客戶端想要取得最新的資料，最常見的辦法就是每隔一小段時間就向服務端查詢，這種週期性的查詢我們稱為 *API 輪詢*，一般是用來更新當前資源的狀態。

API 輪詢的概念很簡單，就是一直問，但 API 輪詢也有自己的問題，首先輪詢後要去比對 / 更新 / 取代現有資源的邏輯是複雜的，甚至有點多餘，客戶端得不斷地發出 GET，不斷的比對新舊狀態，不斷的做更新 / 取代的動作，這都是相當惱人的，儘管有些 API 支援以時間戳的方式作查詢，但仍然需要客戶端自行施做後續的比對更新行為，並沒有相差多少。

由於輪詢模式的存在，客戶端被迫塞入更多的程式碼來處理輪詢和後續的更新機制，但即便如此輪詢還是有以下零零總總的問題：

- 每次輪詢得到的回應可能都是未經排序的，客戶端必須自行比對找出哪些是新的，例如用唯一的 ID 作比對或其他類似的方式，總之又多一份工。
- 流量管控機制可能會因為輪詢的頻率太高而阻擋客戶端即時取得最新資料，但撤掉流量管控又怕自己的服務被打爆。
- API 提供的資料沒有提供足夠的資訊讓客戶端能夠感知到某些事件的發生，例如資源狀態的變化。

要擺脫以上問題，當然最佳解就是服務端直接傳遞新的資料或事件給客戶端，但這在傳統的 HTTP 拋接模式下難以做到，它一定要從客戶端發起請求開始一來一回把整套劇本演完。

於是有人用異步 API 來解決這樣的需求，它拋棄了輪詢那種一來一回的拋接遊戲，也不用客戶端自行施作新舊資料比對的邏輯，而是由服務端主動向客戶端推送通知，這為 API 的應用帶來新的格局。

帶來新局的異步 API

在第 1 章「API 設計原則」我們曾經討論過 API 的本質，API 是用於表現數位能力的介面，主客端透過這個介面實現資料與行為的互動，而底層的基礎通訊協議則是 HTTP，所謂的「數位能力」，廣而言之就是用戶搜尋、註冊、帳號綁定等功能的概稱，當許許多多的數位能力組織起來就變成一套 API 產品或 API 平台，而內外部的用戶就可以利用這套 API 來實現自己的商業流程。

異步 API 也是數位能力的一環，站在商業與價值的角度看，相較於傳統的 REST API，異步 API 能為我們帶來以下特性：

- **即時性**：讓產品可以即時根據最新狀態並做出反應。
- **價值性**：在既有的 API 產品上添加異步的特性，為自己與用戶都帶來更多的可能性，這些可能性能為產品帶來更多的附加價值。
- **效率性**：減少客戶端的輪詢請求，也連帶降低服務端的承載壓力，進而提高服務端的運算資源使用效率，成本上也更精省。

案例研究
GitHub 用 Webhook 開拓 CI/CD 市場

GitHub 有 webhook，當我們推送程式碼上 GitHub 時，webhook 就會發送通知到我們指定的網址，雖然 Git 也有原生的 hook 機制但 GitHub 是第一個把 webhook 機制帶進 Git 託管服務並且發揚光大的廠商，讓我們自己或第三方工具都可以收到 webhook 發出來的 HTTP POST 訊息，進而觸發後續的自動化流程。

隨著時代的演進，以往要在本地配置的 CI/CD（continuous integration and delivery，持續整合／交付）工具現在都轉變成 SaaS（software-as-a-service，軟體即服務）的模式，並且可以利用 GitHub webhook 來觸發 CI/CD 工具的自動化流程啟動。

這樣一個簡單的 webhook 機制不僅觸發了工具，也觸發了廣大的 SaaS 市場，讓不同的服務可以勾勾相連到天邊，這就是異步 API 的威力。

在進入異步的話題前，我們先回歸從「訊息收發」的本質開始談起。

檢視收發訊息的本質

訊息指的是攜帶資料的資訊，它由發布方傳送給接收方，接收方可以是本機的函式或方法，也可以是本機的另一支程序，還可以是遠端的程序或某個訊息代理。

在此我們將訊息分為三大類：命令、回應、事件，詳述如下：

- **命令訊息**用於要求執行某些事務，名稱通常為祈使動詞，例如：`CreateOrder`、`RegisterPayment` 等等，命令訊息有時也被稱為**請求訊息**。

- **回應訊息**用於提供命令訊息的結果，回應訊息的名稱字尾通常會加上 `Result` 或 `Reply` 以便識別，例如：`CreateOrderReply`、`RegisterPaymentResult` 等等，回應訊息也可稱為**回覆訊息**，然而並非每個命令訊息都會產生回應訊息。

- **事件訊息**用於告知接收方事件的發生，這類訊息的名稱通常會用過去式，表示已發生的狀態，如：`OrderCreated`、`PaymentSubmitted` 等，而所謂的「事件」可以是某個商業邏輯發生了、某個流程的狀態改變了、某個資料被異動了等等。

訊息是不可變的（Immutable）

在此提醒，訊息是不可變的，如果訊息所代表的資料或狀態有更新，那應該以再發送一筆新訊息的方式處理，也可以在訊息中附加唯一值，並在新訊息中告知它要取代的舊訊息 ID，讓客戶端更好的做出處置。

圖 9.2 展示了這三種訊息的概念圖。

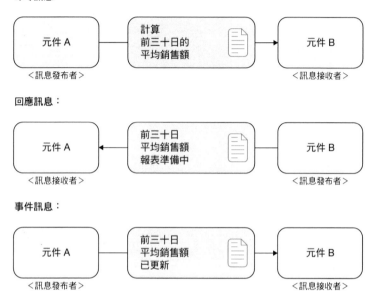

圖 9.2　三類訊息的示意圖

訊息的風格與區域性

訊息的風格有以下兩種：

- **同步訊息**：訊息發布方傳送並等待接收方處理及回覆。

- **異步訊息**：發布方與接收方不等待彼此的拋接，即接收方不需要立即做出回應，並且發布方在丟出訊息後就可以去執行別的工作，不需要傻等回應。

在區域性方面，可以分為下面幾種：

- **本地通訊**：訊息的收發都發生在同一支程序內，例如 Smalltalk 語言原生的物件間通訊機制，以及一套名為 Vlingo[1] 的框架也有這樣通訊機制，本地通訊就好比在程序內的物件間有好多信箱，有的物件會丟出郵件，有的物件會收到郵件，而且如果郵件太多，還可以調用更多的 CPU 資源或線程來平行處理這些郵件。

1　https://vlingo.io

- **跨程序通訊**：在不同的程序間通訊，但彼此仍然跑在同一個機台內，這類的通訊模式有 UNIX 的 socket 和 Windows 的 DDE（dynamic data exchange，動態資料交換）。

- **分佈式通訊**：橫跨不同的機台間的通訊，底層需要依賴網路和特定的通訊協議來傳遞，這類的標準或協議有 AMQP（Advanced Message Queuing Protocol，高級消息隊列協議）、MQTT（Message Queuing Telemetry Transport，訊息佇列遙測傳輸）、SOAP、REST 等。

以上兩大種的分類互相混合就可以變出許許多多不同的訊息應用。

訊息的組成元素

談到訊息的組成，一般是指訊息的主體（body）的格式，也就是常用的 JSON 或 XML，或者也可能選用二進位格式，而除了主體之外，某些時候外面還帶有一層封裝，將 metadata 和主體封裝起來，賦予更完整的資訊。

承上所述，廣義的訊息除了訊息主體外，還包括其他的周邊資訊，例如通訊協議聲明，有可能是 HTTP、MQTT、AMQP 等，他們的標頭內也會有其他的資訊，例如時間戳、TTL（time-to-live，存活時間）、優先度等，這些周邊的資訊加上訊息主體才能構成一個完整的訊息，圖 9.3 展示了 REST API 的訊息交換模型。

訊息的中介代理

在訊息的發布方與接收方中間還可以安插中介代理，發布方只負責向代理發送訊息，而不用管具體的接收方是誰，反之亦然，這樣的設計讓系統更加地去耦合，常見的代理有 RabbitMQ[2]、ActiveMQ[3]、Jmqtt[4]。

中介代理器通常有以下特性：

2　https://www.rabbitmq.com

3　http://activemq.apache.org/index.html

4　https://github.com/Cicizz/jmqtt

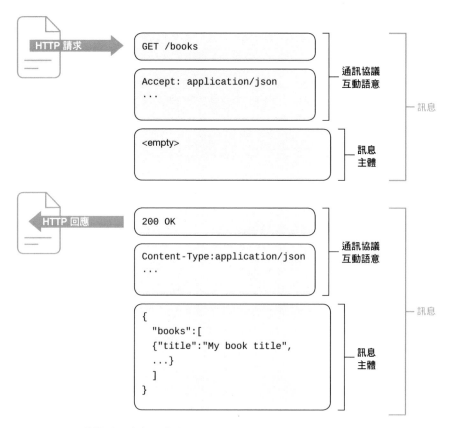

圖 9.3 REST API 的構成元素與互動的範例

- **管控交易：**管理訊息發送的交易狀態，可以是將訊息直接標示成「已發布」，或進一步的等到交易完成才標示為「已送達」。

- **持續保存：**在確認送達前會持續保存訊息，接收方可能因為斷線等原因無法收到訊息，此時訊息代理器會將訊息保留起來，直到接收方再度上線並收到訊息後才清除（即「先存再轉」模式（store and forward pattern））。

- **感知客端：**服務端可以決定該如何認定訊息的傳送成功與否，可以是（1）發送後就自動認定成功或（2）等到客戶端處理完畢才認定成功，這兩種作法可以根據訊息的多寡和應用的需求間做選擇。

- **失敗轉送：**在上述的感知客端機制作用的情況下，如果客戶端接收失敗或是處理失敗，中介代理能轉送訊息給下一順位的接收者。

- **死信隊列：**，如果接收方有任何未知的原因而無法處理訊息，則代理會將此訊息排入死信隊列（dead letter queue，DLQ），死信隊列的訊息可以再交由人工檢查或是自動重試。

- **優先順序 & 存活時間：**代理器可以藉優先順序 & 存活時間（time-to-live，TTL）識別訊息的優先度，以及移除逾期且未發送成功的訊息。

- **標準協議：**使用標準化的訊息協議 AMQP，並根據通訊系統的語言或框架使用相對的套件，例如 Java 的 JMS（Java Message Service）。

訊息中介代理器有兩種訊息發布模式：點對點、扇出（fanout）。

點對點訊息發布（隊列模式）

點對點模式的概念基本上就是發布方的訊息只會有一個接收方，此模式下訊息會進入中介代理器的隊列，接收方的挑選也由中介代理器負責，挑選接收方的方法可以是輪流制或其他方式，如果接收方接收失敗，那代理器會再重新選一個新的接收方直到成功為止，此模式的示意如圖 9.4。

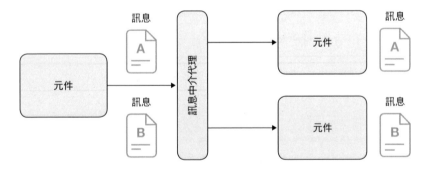

圖 9.4 點對點隊列模式，隊列中的每則訊息只會有一位接收者。

點對點隊列模式較適用於只有單個接收方的訊息，例如前面提過的命令訊息，該類訊息通常只會發給一個對象，背景工作也常用這種方式指派工作，同樣的，一個工作通常也只由一個 worker 處理，他們都是典型的一件一案的模式。

扇出式訊息發布（主題模式）

扇出（fanout）模式下會有許多的主題（topic），每個主題又有許多的訂閱者，一旦
訊息發布到某個主題，該主題下的訂閱者都會收到該訊息（參見圖 9.5）。此模式下
的中介代理器不關心單一訂閱者的狀況，而只關心把訊息散佈出去的流程。

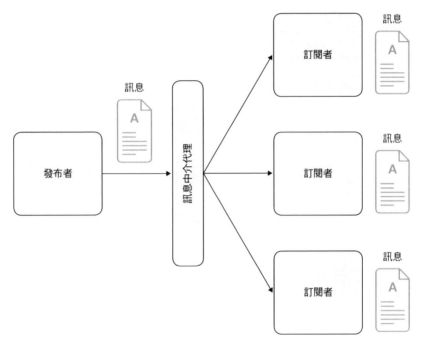

圖 9.5　扇出主題模式，訊息會分派給所有該主題的訂閱者。

每個主題的訂閱者都會收到該主題的訊息，並且訊息是平行派送的，在這樣的模式
下，訂閱者僅知道自己有收到訊息，並不會知道其他訂閱者的存在與否。

關於訊息代理器的相關用語

本章所謂的「隊列」（queue）和「主題」（topic）是分佈式訊息系統常用的
術語，然而某些工具，例如 RabbitMQ，對 topic 有著更精確的定義，它將無
選擇性的多受眾發布模式稱為扇出（*fanout*），而將有選擇性的受眾發布模式
稱為主題（*topic*），當在使用這類工具或服務前，請記得先弄清楚相關名詞的
定義。

訊息串流基礎

傳統的訊息代理器有交易的概念，它會管控每一筆的訊息交易，確保接收方成功收到訊息，這種以交易為基礎的模式適用於大部分的應用，然而也帶來了某些擴展性上的侷限。

串流模式雖然也有代理器的角色，但它拿掉了一些傳統的特性，同時添加了串流的特性，更符合當代應用複雜的資料與訊息交換需求。訊息串流的工具或服務有 Apache Kafka[5]、Apache Pulsar[6]、Amazon Kinesis[7] 等等。

串流的模式與扇出類似，它將訊息分送給某個主題的所有訂閱者，但在串流模式下的訂閱者扮演的是更主動的角色，它負責管理自己的串流狀態，當需要的時候隨時跳到特定的片段，錯誤管理的責任也轉移到訂閱者身上，由訂閱者自行處理錯誤復原機制，跳回錯誤發生前的片段再繼續播放。

要達成上述串流的工作模式，訊息的發送概念就要從傳統的隊列或主題模式轉換成 log 模式，log 存放的是一系列訊息片段紀錄，這些片段會隨著訊息的更新而不斷增生，直到片段結束，或者也可能採用某種週期性的保留機制，參見圖 9.6 為某主題以串流方式供給給兩個客戶端的示意圖。

串流模式下，客戶端可以任意決定要抓取的訊息紀錄片段，藉此能為我們的產品帶來新的特性：

- 藉由串流的即時性，可以打造即時資料處理或分析的應用，該應用持續接受來自串流服務的資料，並即時解析提供給用戶。

- 當程式改版時，可以用歷史訊息與新的訊息作比較，驗證改版後的結果正確性。

- 做實驗性的資料分析，並與歷史資料作比對。

- 不需要為了應付資料審查（data auditing）而在用戶端保留所有的資料，

- 可以直接將資料推進資料倉儲，不需要走傳統的 ETL（extract-transform-load，抽取 - 轉置 - 載入）流程。

5　https://kafka.apache.org

6　https://pulsar.apache.org

7　https://aws.amazon.com/kinesis

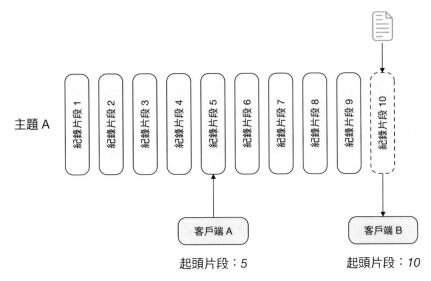

圖 9.6　一個串流的主題示意圖，展示了串流的 log 片段以及兩個客戶端分別取用他們需要的片段。

串流也意味著更好的可擴展性，它為資料的管理與共享帶來新的可能性，傳統上我們用資料倉儲的權限來開放取用資料，或者直接用複寫（replication）機制讓他人取得資料，但在串流的概念下，我們可以將資料的變動推送到不同的主題，客戶端只要訂閱相關的主題就能獲得資料，進而做後續的處理、儲存和分析。

使用訊息串流的額外考量

下列是串流可能帶來的負面效應：

- **會產生重複的訊息**：訂閱者必須自行管理目前串流的況狀，進度等，但有可能因為服務端或客戶端問題而使客戶端遺失當前進度，導致同時有兩個重複的串流進入客戶端，客戶端必須要有能力處理重複訊息的問題。
- **無法在上游過濾訊息**：傳統的訊息代理器能過濾訊息，但串流模式下無法由代理器做過濾，必須由下游也就是接收端作過濾，或者用 Apache Spark 這類第三方工具做過濾。

- **僅有有限的授權管控能力：**串流是相對較新的模式，目前市場上還沒有為串流設計，並且夠精細的授權控制方案，只有較粗略的給用 / 不給用，因此必須考量資料是否能允許這樣較粗略的授權管控，有部分業者開始嘗試將 REST 架構的授權機制用在串流上，這或許能在 API 閘道端較精細的控制好串流用戶端的權限。

異步 API 風格

異步 API 這種互動風格最大的特色是由服務端主動告知用戶端最新的狀態，異步 API 又有各種的實現方式，主流的有 webhook、SSE（Server-Sent Events）、WebSocket 等。

用 Webhook 傳送通知

Webhook 機制讓 API 服務端在某個事件發生時可以傳送訊息到另一台服務器，有點像傳統架構下的回呼機制（callback），但 webhook 是發生在網路環境的，webhook 是以 HTTP POST 為基礎的一種應用，它的名字來自 Jeff Lindsay[8]，他在 2007 年首先稱呼這種機制為 webhook，後續逐漸發展為 REST Hooks[9]，成為一種標準化的實現模式，為 webhook 的訂閱和通知建立起標準化的管理和安全原則。

概括而言，webhook 就是當某個事件發生時，服務端用 HTTP POST 將訊息打到某個回呼網址，例如某個工作管理工具，他們可以向 API 服務註冊一個用於接收新工項通知的回呼網址 https://myapp/callbacks/new-tasks，一旦在 API 服務端有新的工項產生，會立即打一個 POST 訊息給該回呼網址，並附上該筆事件的工項資訊，此流程參見示意圖 9.7。

8　Jeff Lindsay, "Webhooks to Revolutionize the Web" (blog), Wayback Machine, May 3, 2007, https://web.archive.org/web/20180630220036/http:/progrium.com/blog/2007/05/03/web-hooks-to-revolutionize-the-web.

9　https://resthooks.org

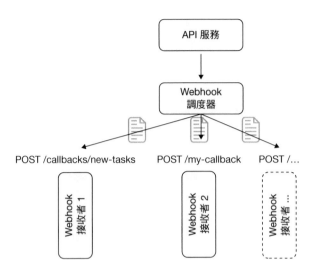

圖 **9.7**　API 服務端的 webhook 示意圖，將訊息派送到事先註冊的接收方網址。

因為 webhook 的接受端是一個網址，因此該網址必然得讓 API 服務端能夠連的到，並且該接受端也必須要有能力處理傳過來的 POST 請求，換句話說，接受端也多半是一個 API 服務，所以我們可以說 webhook 的設計是比較適合服務對服務的，不太適合服務對瀏覽器，因為瀏覽器無法處理打過來的 POST。

實施有效的 Webhook 導入規劃

導入 webhook 前應該先考慮清楚，該如何處理傳送失敗、該如何將通訊加密，以及當回呼對象沒回應時該如何處理，這些導入 webhook 前的零零總總的問題都可以參考 REST Hooks 的文件 [10] 來尋求解答。

用 SSE 推送訊息

SSE 是 W3C 在 HTML5 制定的資料推送標準，它是以 EventSource[11] 為基礎的訊息發送機制，它使用 HTTP 的持久連接（longer-lived connection）實現從服務端到客戶端的訊息發送，讓客戶端獲得事件通知並加以處理。

10　https://resthooks.org/docs
11　https://developer.mozilla.org/en-US/docs/Web/API/EventSource

SSE 是實現推送服務的最簡單的手段之一，它原本被設計用來推送通知到瀏覽器，但後來也逐漸變成可以推送到其他服務器。

SSE 的底層使用的是標準的 HTTP 協議以及持久連接的特性，讓 API 服務端能持續推送資料到客戶端而不斷開連線。

SSE 的規範中定義了幾種資料回傳格式的欄位可供使用，有事件名稱、說明、單行文字、多行文字、事件識別碼等。

在 SSE 的流程中，訂閱者會先打一個 GET 給 SSE 端點，並聲明媒體類型（media type）為 text/event-stream（參閱圖 9.8），隨後 SSE 端點就可以開始用 JSON 或 XML 等格式回覆，這其中要注意的是不論客戶端要用哪種具體的回應格式，它的請求標頭的 Accept 聲明都應該用上述的媒體類型，而不是 JSON 或 XML 的媒體類型。

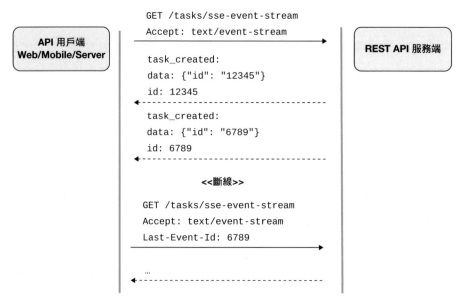

圖 9.8　用 SSE 實現 API 服務端對客戶端的事件推送，斷線後可利用標頭 Last-Event-Id 來恢復連線。

主客端連線後，服務端就可以推送事件給客戶端，如果遇到斷線，客戶端可以根據最後一次拿到的事件 ID，再次向服務端發起請求，並在請求標頭以 `Last-Event-ID` 的形式附上此前最後一筆 ID，如此服務端就會繼續從下一筆事件 ID 開始將事件推送給客戶端。

在 SSE 中具體的資料傳輸格式可以是任何形式的文字格式，例如 JSON，然而如果有多行的話那就要在各行開頭加上 `data` 的前綴標示。

下面是幾種適合使用 SSE 的情境：

- 將後端狀態的變更通知給前端，讓瀏覽器或手機 app 能反應出後端的最新狀態。
- 它利用標準的 HTTP 特性來推送事件，不用管服務端內部是用哪個門派的訊息代理器或串流工具，不論服務端內部是 RabbitMQ 還是 Kafka 都與客戶端無關。
- 對於複雜查詢產生的龐大的回應，可以藉由 SSE 機制逐筆回傳，客戶端也可以逐筆處理，避免記憶體被塞爆。

而下面是不適合使用 SSE 的情境：

- 如果有 API 閘道，而且 API 閘道又不支援持久連接，或者偶爾斷線（小於 30 秒），那用戶端得不斷的請求重連，儘管還是可以用 SSE，但效率上略有影響。
- 少部分的瀏覽器不支援 SSE，請參閱 Mozilla 的瀏覽器相容性列表 [12]。
- 需要雙向通訊的場景，此情況比較適合用 WebSocket，SSE 只能做服務端單向的推送。

如需進一步了解 SSE，可以參閱 W3C 的 SSE 標準書。

用 WebSocket 進行雙向通知

WebSocket 是從 HTTP 發動的通訊協議，它在一個 TCP 連線中建立通道，並在通道中以子通訊協議（subprotocol）實現全雙工通訊。因為全雙工，主客端之間的即時雙向通信成為可能，客戶端可以透過 WebSocket 發出請求，服務端也可以透過 WebSocket 做出回應。

12　MDN Web Docs, "Server-Sent Events," last modified August 10, 2021, https://developer.mozilla.org/en-US/docs/Web/API/Server-sent_events.

WebSocket 在經過 IETF（Internet Engineering Task Force，網際網路工程任務組）標準化之後成為 RFC 6455 號標準 [13]。大多數的瀏覽器都支援 WebSocket，因為有著廣泛的支援，不論是瀏覽器到服務端、服務端到瀏覽器、服務端到服務端的應用大多得以實現，並且 WebSocket 還具有與 HTTP 的相容性，所以也是可以通過那些 HTTP 代理服務的。

要留意的是，儘管 WebSocket 的連線是由 HTTP 發動的，但 WebSocket 與 HTTP 還是兩個獨立的協議，彼此的行為模式並不相同，在 WebSocket 的概念裡，WebSocket 本身只負責通道的建立，而具體的傳輸必須由兩端協調選出一種子協議來實現，完整的子協議列表位於 IANA 的網頁 [14]，這些子協議傳訊的格式有的是文字的，有的是二進位的，參見圖 9.9 為一個 WebSocket 文字子協議的互動範例。

相較於前面兩種異步 API，WebSocket 較為複雜，但它能做到高效率的全雙工通訊，一個連線即可用於服務端到客戶端與客戶端到服務端的資料傳輸，而 SSE 雖然較簡單，但它不具備同一連線雙向傳輸的特性，兩者間的功能性與複雜性互有差別，最終還是要看實際需求的場景來決定適合的方案。

gRPC 串流

在談 gRPC 串流特性前，先來回顧 TCP 與 HTTP，TCP 在設計上是適合持久、雙向的通訊的，而以 TCP 為基礎的 HTTP/1.1 如果要做到併發連線，那就要開啟多條 TCP 連線，在這樣的概念下，想要加大服務的容納量通常的手段就是做成負載平衡，但無論如何，開多條 TCP 連線對運算或網路資源的消耗是巨大的，每條連線都要跑一次完整的交握程序，於是後面又發展出了 HTTP/2。

HTTP/2 是以 Google 的 SPDY 協議為基礎，經標準化後的通訊協議，它改善了上面提到的 HTTP/1 性能問題，其中一項是使用多路復用（multiplexing）來優化請求／回覆的拋接效率，在 HTTP/2 協議下，可以用一個回應通道來返回多個請求的結果，省下為每個請求重建通道的開銷，類似於 HTTP/1 的 keep-alive 模式，但略有不同的是，HTTP/2 允許同時發出多個請求，而 keep-alive 只能一次一個請求。

---

13 Internet Engineering Task Force (IETF), The WebSocket Protocol (Request for Comments 6455, December 2011), https://tools.ietf.org/html/rfc6455.

14 Internet Assigned Numbers Authority (IANA), WebSocket Protocol Registries, last modified July 19, 2021, https://www.iana.org/assignments/websocket/websocket.xhtml.

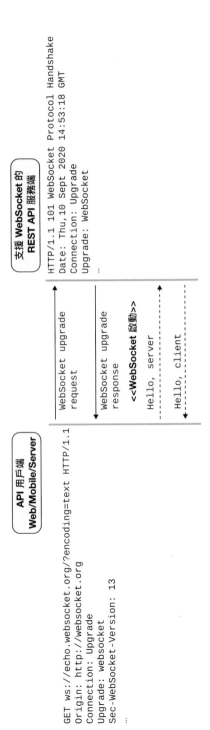

圖 9.9 WebSocket 的文字子協議互動示意圖

除了上述的特性，HTTP/2 還支援直接推送資料到客戶端，不需要由客戶端先發動請求，這與傳統的 HTTP/1.1 拋接模式有很大的不同。

gRPC 運用了 HTTP/2 原生的雙向通信特性，它不需要走傳統的一拋一接模式，也不依賴 HTTP/1.1 持久連接之類的機制，而 gRPC 的 API 設計可以同兼容傳統的拋接式設計與異步式設計。

gRPC 有三種串流模式：客戶端到服務端、服務端到客戶端、以及雙向串流，三種模式示意圖參見圖 9.10。

於 WebSocket 相似，gRPC 也有全雙工的特性，但 gRPC 不需要考慮子協議的問題，它都是用 Protocol Buffers 作為實際互動的格式，然而 gRPC 的問題是缺乏瀏覽器的原生支援，得利用第三方套件實現瀏覽器端的 gRPC 支援，例如 grpc-web 套件 [15]，但第三方套件終究有其限制，所以一般都只會拿 gRPC 來做服務端對服務端的通訊。

gRPC 異步模式 1：客戶端串流到服務端

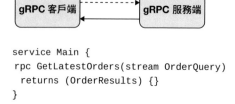

```
service Main {
 rpc GetLatestOrders(stream OrderQuery)
  returns (OrderResults) {}
}
```

gRPC 異步模式 2：服務端串流到客戶端

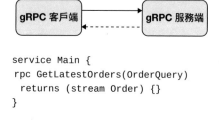

```
service Main {
 rpc GetLatestOrders(OrderQuery)
  returns (stream Order) {}
}
```

gRPC 異步模式 3：雙向串流

```
service Main {
 rpc GetLatestOrders(stream OrderQuery)
  returns (stream Order) {}
}
```

圖 9.10　gRPC 的三種串流模式：客戶端到服務端、服務端到客戶端、雙向串流。

15　https://github.com/grpc/grpc-web

挑選異步 API 實現風格

認識了各式不同的異步 API 標準後，最後的選擇還是取決於個案的需求與條件，下面是我們整裡的各種異步 API 風格的簡短優劣分析，希望能幫助讀者決定最適合自己的風格：

- **Webhook**：webhook 是唯一一種由服務端發起的異步 API，因為一般的瀏覽器或手機無法處理來自 webhook 的 HTTP 請求，它僅適用於服務對服務的通信，在兩個服務端之間它們的連線必須是暢通的，不能被防火牆之類的設備阻攔，否則資料會打不過去。

- **SSE**：SSE 是此章節列舉的幾中方案中最簡單的，但它缺乏雙向通信的特性，僅適用於服務端到客戶端的資訊推送。

- **WebSocket**：因為還牽涉到子協議的支援與否，WebSocket 相較下是個比較複雜的方案，但它具有雙向通訊的特性，並且瀏覽器對 WebSocket 也都有良好的原生支援。

- **gRPC 串流**：因為它是以 HTTP/2 為基礎的，所以整套系統與訂閱方也都必須要支援 HTTP/2 這個較新的通訊協議，它具有與 WebSocket 相同的全雙工特性，但缺乏來自瀏覽器的支援，所以最適合的應用場景還是服務端對服務端的通信，或是用於管理與配置基礎設施的 API 平台。

設計異步 API

異步 API 的設計流程與傳統的同步 API 設計流程差不多，還是回歸到第 6 章的 API 模型開始，規劃好有哪些資源、哪些操作、哪些事件等等，最後再根據用戶的需求與 API 風格的規範製作出完整的 API 設計。以下是各種異步 API 的元素在設計時應納入的考量。

命令訊息

命令訊息用於通知對方執行某項工作，訊息的內部是該命令的細節，在設計異步 API 的命令時，重點是要提供足夠完整的命令細節，例如執行後要把結果打到哪裡以及如何打的資訊，像是用 POST 打到某個 URL、某個訊息代理器的 URI，或是打到 Amazon S3 存起來之類的。

在設計命令時，很容易傾向使用與特定語言綁定的命令結構，例如直接將物件序列化後塞進訊息內，但這種作法限制了與之串接的對象也只能用某個語言，在此我們建議使用與語言無關的通用交換格式來傳遞命令，例如 UBER、Apache Avro、Protocol Buffers、JSON、XML，各種語言都有他們的套件可以方便的做到序列化與解析的能力。

下面是一個 JSON 的命令訊息範例，該範例發起了一個更新用戶帳單地址的請求：

```
{
  "messageType": "customerAddress.update",
  "requestId": "123f4567",
  "updatedAt": "2020-01-14T02:56:45Z",
  "customerId": "330001003",
  "newBillingAddress": {
      "addressLine1": "...",
      "addressLine2": "...",
      "addressCity": "...",
      "addressState": "...",
      "addressRegionProvince": "...",
      "addressPostalCode": "..."
  }
}
```

在上面的範例中，考慮到服務端接收到命令將地址更新後，應該也要讓客戶端收到這個更新後的狀態，那可以在上述的訊息中加一個 replyTo 欄位，並填入回呼網址，讓客戶端能知道收到更新的訊息，如果還有其他的客戶端，那可以讓每個客戶端都訂閱 customerAddress.updated 事件，如此在地址更新後它們都會收到通知，並做出相對的處置。

事件通知

事件通知用於通知訂閱者某項狀態的改變或某個事件的發生，事件通知僅提供必要的資訊給訂閱者，由訂閱者決定後續的行動，因此又稱為 *thin event*。

事件的訂閱者收到通知後，需要再發起另一則請求取得與該通知有關的更新後的資源，如果 API 在發送通知時也一併埋入 hypermedia，帶入相關連結，那客戶端可以更方便的發出下一則請求取得更新的資源，例如下面事件通知的範例：

```
{
  "eventType": "customerAddress.updated",
  "eventId": "123e4567",
  "updatedAt": "2020-01-14T03:56:45Z",
  "customerId": "330001003",
  "_links": [
    { "rel": "self", "href":"/events/123e4567" },
    { "rel": "customer", "href":"/customers/330001003" }
  ]
}
```

不帶細節的事件通知通常用於那些常常在變動的資源，強迫訂閱方收到通知後自主的請求一份最新的資源，避免他們身上的舊版資源未更新，當然，細節的多寡還是取決於具體的需求，還是要適當的附上必要的資訊讓客戶端能做出適當的處置。

帶有狀態變更的事件

「帶有狀態變更的事件」表示事件包含了某個變動資源的完整資訊，訂閱者不需要對 API 做二次交涉就能取得該資源的完整資訊，當然即便如此，訂閱者還是有可能呼叫其他 API 端點來完成其他工作。

相較於前面的事件通知，帶有狀態變更的事件體積較胖，但有以下優點：

- 訂閱者偏好一次拿到事件與相關的資源，或者訂閱者不便發出二次請求該事件的資源。

- 如果用串流的方式發送帶有狀態變更的事件，那過往的每一次變更都可以在串流內取得，相當於為資源做了快照，客戶端能任意的調用串流內的每一份快照。

- 異步 API 發送的對象是另一個中介服務，中介服務需要有完整的資源才能再對外發送，避免終端客戶端拿到不完整的內容還要再次發起請求，不僅顯得多餘且徒增無謂的耦合度。

這類訊息的內容結構設計一般常見的作法是照抄原本的 API 表現層的結構，但當事件是發生在狀態異動時，那就不太可能完全照抄了，多半會再加入一些用來表達新舊值的欄位。

在內容結構的設計上，我們建議不要過於扁平化，根據欄位的相關性做適度的巢狀結構，在閱讀性上會更好，也避免了撞名的可能，或者被迫用超長的欄位名稱，下面展示的是一個過於扁平的結構：

```
{
    "eventType": "customerAddress.updated",
    "eventId": "123e4567",
    "updatedAt": "2020-01-14T03:56:45Z",
    "customerId": "330001003",
    "previousBillingAddressLine1": "...",
    "previousBillingAddressLine2": "...",
    "previousBillingAddressCity": "...",
    "previousBillingAddressState": "...",
    "previousBillingAddressRegionProvince": "...",
    "previousBillingAddressPostalCode": "...",
    "newBillingAddressLine1": "...",
    "newBillingAddressLine2": "...",
    "newBillingAddressCity": "...",
    "newBillingAddressState": "...",
    "newBillingAddressRegionProvince": "...",
    "newBillingAddressPostalCode": "...",
    ...
}
```

而下面是經過適當巢狀化後的結構：

```
{
    "eventType": "customerAddress.updated",
    "eventId": "123e4567",
    "updatedAt": "2020-01-14T03:56:45Z",
    "customerId": "330001003",
    "previousBillingAddress": {
        "addressLine1": "...",
        "addressLine2": "...",
        "addressCity": "...",
        "addressState": "...",
        "addressRegionProvince": "...",
        "addressPostalCode": "..."
    },
    "newBillingAddress": {
        "addressLine1": "...",
        "addressLine2": "...",
        "addressCity": "...",
        "addressState": "...",
        "addressRegionProvince": "...",
        "addressPostalCode": "..."
```

```
      },
   ...
  }
```

對客戶端而言，他們也更偏好適度巢狀化後的結構，如上所示，在巢狀結構中分別是一個資源的新舊狀態，客戶端可以藉此更容易的作出邏輯上的識別，反之若是過於扁平化的結構，那客戶端必然得刻更多的程式碼來解析出新舊差異，頗不值得。

批次事件

多數的異步 API 都是設計成一有訊息就發送，但在某些情況下可能會把多個事件一次發送，這需要訂閱方的配合，他們必須要能夠處理批次發送的通知，下面的範例中，在一則通知內含有多筆訊息，這些訊息組合成陣列的結構，在批次化的概念下，不論訊息有幾筆，一律都以陣列的形式表達：

```
[
  {
    "eventType": "customerAddress.updated",
    "eventId": "123e4567",
    "updatedAt": "2020-01-14T03:56:45Z",
    "customerId": "330001003",
    "_links": [
      { "rel": "self", "href":"/events/123e4567" },
      { "rel": "customer", "href":"/customers/330001003" }
    ]
  },
  ...,
  ...
]
```

另一種模式是為那些批次事件加上一層封裝包成一包訊息，在封裝內添加適當的 metadata 加以識別：

```
{
  "meta": {
    "app-id-1234",
    ...
  },
  "events": [
   {
    "eventType": "customerAddress.updated",
    "eventId": "123e4567",
```

```
    "updatedAt": "2020-01-14T03:56:45Z",
    "customerId": "330001003",
    "_links": [
      { "rel": "self", "href":"/events/123e4567" },
      { "rel": "customer", "href":"/customers/330001003" }
    ]
  },
  ...,
  ...
  ]
}
```

將訊息或事件批次化的原則可以是時間，將某段時間內的訊息彙整成一則批次事件，視應用需求也可以是訊息數量或其他因子。

事件的排序

理想的情況下訊息應該都是先進先出的有序發送，但現實往往有各種情況導致難以依序發出，例如事件的接收方一旦離線，恢復連線後它可能在收取累積的訊息的同時又會收到當下的新訊息，又或者在複雜的分佈式系統中，訊息的中介代理可能也無法保證訊息是有序發送的，因為在這樣的系統中可能同時存在數個不同目的的代理器，導致難以確保訊息都是百分之百按順序發出。

如果排序是必要的，那在訊息設計時就必須將相關因素納入考量，如果系統中只有單一個訊息代理器，那它應該根據訊息收到的時間為訊息加上序號或時間戳，然而在分佈式架構中，因為機台間的**時鐘偏移**（clock skew）問題，時間戳就不是個可靠的排序基準，這種情況下需要有專們的序號產生機制來為每則訊息打上序號。

排序的考量不只是訊息的格式設計問題，也會是系統架構上的問題，對於分佈式系統，可能需要用到藍波特時間（Lamport Clock）[16] 來克服時鐘偏移的問題，如此才能確保時間戳的可信度。

---

16 Wikipedia, s.v. "Lamport Timestamp," last modified March 22, 2021, 00:201 https://en.wikipedia.org/wiki/Lamport_timestamp.

撰寫異步 API 文件

異步 API 的標準文件可以參見 AsyncAPI 規格書[17]，該規範定義了規劃異步傳訊管道（channel）的方法，AsyncAPI 標準也支援各種之前提過的元素，訊息代理、SSE、Kafka 與其他串流機制，包括 IoT（Internet of Things，物聯網）場景下的傳訊標準 MQTT 等，這份文件是目前最被廣泛採用的異步 API 設計標準，用於描述與定義一個訊息驅動 API（message-driven API）產品的技術細節，包括訊息的格式設計、通訊協議的定義等等，此規範受到 OpenAPI 的啟發，兩者具有類似的文件架構，讓 OpenAPI 職人能快速上手，但它與 OpenAPI 並沒有直接的血緣關係。

原始碼 9.1 為 Shopping API 通知事件的異步 API 描述文件，這份機讀文件的範例中有著訊息格式的定義。

原始碼 9.1　Shopping API 事件的 AsycAPI 範例

```
#
# Shopping-API-events-v1.asyncapi.yaml
#
asyncapi: 2.0.0
info:
  title: Shopping API Events
  version: 1.0.0
  description: |
    An example of some of the events published during the bookstore's shopping
cart experience...
channels:
  books.searched:
    subscribe:
      message:
        $ref: '#/components/messages/BooksSearched'
  carts.itemAdded:
    subscribe:
      message:
        $ref: '#/components/messages/CartItemAdded'
components:
  messages:
    BooksSearched:
      payload:
        type: object
        properties:
```

17　https://www.asyncapi.com

```
      queryStringFilter:
        type: string
        description: The query string used in the search filter
      categoryIdFilter:
        type: string
        description: The category ID used in the search filter
      releaseDateFilter:
        type: string
        description: The release date used in the search filter
CartItemAdded:
  payload:
    type: object
    properties:
      cartId:
        type: string
        description: The cartId where the book was added
      bookId:
        type: string
        description: The book ID that was added to the cart
      quantity:
        type: integer
         description: The quantity of books added
```

AsyncAPI 對不同的發布管道還可以定義該管道使用的發訊機制，一個管道發訊機制可以是訊息代理器、SSE、串流等，可以讓一則訊息透過不同的管道發送到不同的對象上，關於 AsyncAPI 規格書的使用詳情可以參閱 AsyncAPI 網站 [18]，而完整的異步 API 描述文件範例在我們的 GitHub[19]。

總結

在思考 API 的互動時，除了用傳統的請求 / 回應的角度外，也可以用異步的角度思考，依照用戶的需求做出最適切的選擇，在本章中大量的談到了事件的概念，透過異步 API，可以直接把事件推送到客戶端，這為客戶端的應用帶來新的可能性，也為我們的 API 產品賦予了更多的創新性。

18　https://asyncapi.com
19　https://bit.ly/align-define-design-examples

Part V

優化 API 設計

回顧這一路走來的 ADDR 流程，在 Align（對齊）階段，我們談到數位能力與目標導向，在 Define（定義）階段，我們將數位能力展開成為 API 模型，在 Design（設計）階段，我們以 API 模型為基礎，製作出各種不同風格的 API 高階設計文件。

在 Refine（優化）階段，我們討論的是如何增進開發體驗，以及如何為 API 交付做準備的議題，內容涵蓋 API 到微服務的解構、API 的測試策略、API 的文件構成、API 的輔助套件與工具，以及最後面會談到如何在大型的組織導入 ADDR 流程的課題。

第十章

從 API 到微服務

關於單體的最大謬誤是你只能擁有一個。

—Kelsey Hightower

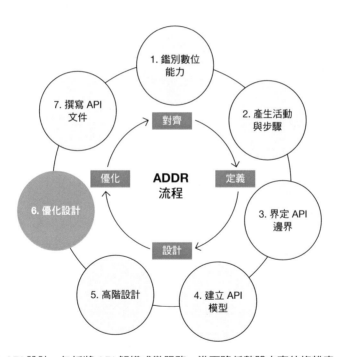

圖 10.1　優化 API 設計，包括將 API 解構成微服務，進而降低整體方案的複雜度。

當代企業組織思考的重點，都是如何在能確保軟體的穩定性之餘，又能快速的為客戶提供解決方案，站在軟體開發的角度思考，越急迫的開發時程換來的往往是越多的臭蟲和越不可靠的產品，而規模越大的軟體因此產生的風險也越大，也就是常說的欲速則不達。

185

為了避免上述的問題，我們用開會來計畫和協調軟體交付的時程，然而隨著產品越大，計畫的難度也越大，計畫本身也成為拉長時程的原因之一，因此該如何拿捏計畫與速度之間的平衡是個重要的課題。

將 API 解構成微服務（圖 10.1）是達成計畫與速度平衡的手段之一，本章節將深入討論微服務的優勢與劣勢，以及微服務之外還有哪些能降低軟體複雜度的方法。

什麼是微服務？

微服務是各自獨立部署的小元件，一個微服務只負責少量的數位能力，每個微服務綜合起來可以構成一個複雜的系統，可以把微服務想像成一個個的小方塊，每個堆疊起來就是一個完整的系統，如圖 10.2 所示。

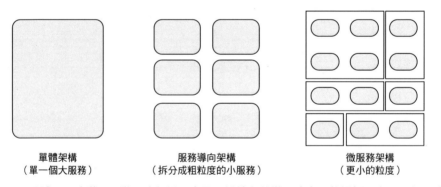

單體架構　　　　　　　　　服務導向架構　　　　　　　　微服務架構
（單一個大服務）　　　（拆分成粗粒度的小服務）　　　　（更小的粒度）

圖 10.2　單體、服務導向、微服務架構示意圖，框線內的微服務表示他們拆分自同一個服務導向模組。

微服務的典型作法是將一個複雜龐大的系統解構成眾多小規模的元件，每個元件各自獨立提供一部分的服務，每個微服務可獨立部署。從架構面或開發面的觀點看，相較於傳統的大專案，微服務因為規模較小，責任也較單一，也因此更容易使人理解，站在測試的觀點看，由於規模較小，對微服務的自動化測試也更專一、更有可行性。（參照圖 10.3）

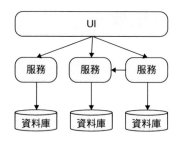

圖 10.3　將複雜的系統解構成規模較小的微服務，每個微服務可獨立部署。

微服務的概念早在數十年前就已提出，但直到近年才開始成為主流的選擇，在過往想要搭建一個微服務，得要從最底層的基礎設施開始搞起，隨著時代的演進，雲端平台替我們做掉了基礎設施的苦工，還整合更多新時代的技術，DevOps，自動化管線、容器技術等等，這些都讓建置一個微服務成為更有可行性的事情。

對「微服務」的理解與誤解

在此要提醒的是，不同的人士對「微服務」可能有不同的理解，有的人認為微服務就是一大堆獨立的小 Web API，彼此間訊息打來打去，客戶端也要跟它們產生無數的糾葛，徒增複雜度而已，有的人則對微服務有其他的解讀，但無論如何，作為服務供應方的我們，當談到要提供微服務時，請謹慎為之，確保不要讓用戶產生誤解。

避免他人誤解的第一步，就是自己先去弄懂，搞懂微服務到底「是什麼」以及「為什麼」，然後找一個微服務的典範當作參考，去了解別人是如何規劃微服務的架構的，以及如何讓微服務與商業目標連結起來的，在轉換成微服務的過程中，也要逐一的去諮詢成員或用戶，確保彼此對微服務的認知與目標是相同的，否則一旦出現認知落差，雞同鴨講將難以避免的成為我們的日常。

在有共同認知的基礎下，最終我們可以對微服務作出屬於自己的詮釋，儘管還是有人只把微服務理解成小號的單體系統，但真的去深入了解就會知道微服務背後帶來的不僅是架構面的轉移，更多的是組織文化上的轉變。

用微服務降低協作成本

由於微服務帶來的種種變革，它也逐漸成為主流的架構選擇，然而這些變革也會帶來某種程度的衝擊與挑戰，並且影響的不僅是技術層面，非技術層面也會因此受到變動，這些都是在導入微服務前必須要加以考量的。

在傳統的大專案架構下，協作成本無疑是高的，為了確保程式內沒有臭蟲或者沒有合併衝突，會議是一個又一個的開；若是大型組織，更需要引入中階管理層來確保所有的一切都如計畫進行，於是又開了更多的會議，成本因而再次遞增。

微服務最大的好處就是減少開會時間，每個小組只要專注於搞好自己手中的微服務，即便是開會也只是小組內的快速會議，而不用開那種從外太空講到內子宮的跨部門協調會。

根據 Metcalfe 定律 [1]，團隊越小溝通路徑就越短，意即會議也越少，讓我們可以有更多的時間在設計、打碼、測試我們的服務，而不用開那冗長的會議。

在微服務模式下，跨團隊的橫向聯繫會議並不會徹底消失，而是轉變成另一種形式，微服務的時程與方向還是需要有橫向聯繫會議，因為要考慮的不僅是服務本身發布的時程，相關的商業活動也必須與之配合，因此雖然過往大拜拜型的會議減少，但取而代之的是這類小型會議。小型會議的好處是，會議的主題與人員都更集中，會議的效率當然也隨之更高。

在達成跨團隊協調大會最小化的目標前，還得考慮幾項因素：

- 必須有自動化的基礎設施，讓新版本上線的推送流程全部自動化，我們可以利用 DevOps 與 CD（continuous delivery，持續交付）的自動化工具鏈實現基礎設施的自動化。

- 一個微服務的開發小組必須對該微服務的一切負責，他們的責任涵蓋一個微服務的整個生命週期，從開發到改版到支援，簡而言之即「生有所養」而不是生完就棄養，小組擁有該微服務的一切，因此不存在另外的營運團隊，如果有需要的話，也應該是小組內的可靠度工程師或其他成員來共同負擔起微服務的整個生命週期的工作。

---

1 Wikipedia, s.v. "Metcalfe's Law," last modified April 13, 2021, 13:48, https://en.wikipedia.org/wiki/Metcalfe%27s_law.

- 擺脫中央集權式的資料儲存層，每個微服務擁有自己的資料層。

上列因素為微服務的主要構成條件，如果無法滿足，那您的微服務之路將會充滿挑戰，可能微服務長歪掉，也可能搞了微服務卻感受不到微服務的絲毫優勢，甚至可能把案子搞砸，關於這部分議題的深入討論，可以參考《Strategic Monoliths and Microservices》[2] 書中第 6 章的〈Open-Host Service〉一節。

轉移到微服務的過程中，相較於技術層面的轉換，更多的心力會花費在組織層面的轉換，而組織層面的轉換可能是會有陣痛期的，在導入微服務前務必加以謹慎考量。

API 與微服務的差異

此章節之前談的都是「API 產品」，它與微服務都算是提供給外界的 API 服務，他們的區別如下：

- API 產品較看重穩定性和進化性（evolvability），而微服務因為獨立性較高，較有可能做出實驗性變更而不會連累到其他微服務，對客戶端來說，除了必要的大改版外，他們永遠都不希望看見 API contract 變動，相較之下，採用微服務較有可能在維持 API contract 穩定的前提下，做出一些實驗性的變動，因為微服務的分離、結合、移除都是相對較容易的。

- API 產品提供的是一系列完整的數位能力解決方案，而微服務是將其解構成一個個的小元件，解構後的微服務搭建出的解決方案對客戶端來說依然是一個完整的系統，系統內的微服務積木會經過適當的安排與分類，並且有著一致的設計風格，對外也透過 API 閘道提供穩定的 API 介面讓客戶端取用，而非各行其是的任由發展，即便有新的微服務需求，也應該遵守既有的架構原則，將其安排，並透過 API 閘道對外提供穩定的 API 介面供人調用。

綜觀前述區別，如果只是因為程式小，這還不足以稱之為微服務，微服務必須是一個獨立運行的元件，並且微服務並不直接對外暴露，而 API 產品是有可能提供內外部的開發者使用的。

2　Vaughn Vernon and Tomasz Jaskula, Strategic Monoliths and Microservices: Driving Innovation Using Purposeful Architecture (Boston: Addison-Wesley, 2021).

衡量微服務的複雜度

在思考微服務時最重要的考量因素就是複雜度的高低，儘管複雜度無法完全消除，但在微服務的架構下，可以由每一個微服務元件承擔整體複雜度的一部分，這讓單個微服務的複雜度看起來沒那麼嚴重，然而將複雜度分散到每一個微服務中當然又會帶來另一種形式的複雜度。

在此要考慮的是，引入微服務後是否會對我們的產品帶來負面的效益，不論是在交期上或是安全性上，從 API 產品轉移到微服務之間，雖然複雜度被降維了，但微服務自身的基礎設施、自動化交付、監測、安全防護等的周邊事務可能反而需要更多的功夫去規劃和管理。

如果原有產品的複雜度本就不高，那就沒有特別轉換成微服務的必要，貿然轉換反而可能帶來反效果，而如果原有產品的複雜度不明確，那可以參考下面與微服務相關的考慮因素，試著將下列因素與現有產品做比較，找出對未來產品發展有利的平衡點，有需要的話再從小規模開始導入微服務。

自助式的基礎設施

微服務需要全自動化的基礎設施，它的建置、部署應該都是不需要人工介入的，對於還沒有自動化機台配置與管道（pipeline）作業的團隊來說，他們在微服務的搭建上將會遇到很多困難，在缺乏自動化架構的條件下，微服務將被迫變成一個充滿醜陋配置腳本的大胖子。

獨立的發布週期

每個微服務的發布週期應該都是獨立的，有些組織在這方面會沿用原有的統一的發布週期，例如兩週的衝刺（sprint），而不是根據每個微服務的進度自行發布，這意味著組織還是把所有的微服務看待成一個整體，而不是各自獨立的服務，對於一個獨立的元件來說，它的開發與發布週期也應該是獨立的。

單團隊管理

每個微服務應該由單一的小組負責，而一個小組也應該只負責一個或少量的微服務，讓他們得以專注在自己的責任上，他們必須負責一個微服務的一切，從定義、設計到交付以及後續的支援，微服務就像他們自己的產品那樣被看待，因此他們也負責收集反饋並做出改進。

對小型組織來說，他們沒有這麼多的小組來各自負責微服務，於是變成由幾個中堅骨幹共同挑起所有微服務的開發重擔，但這往往導致他們要在不同的微服務開發工作中跳來跳去，每個人都變成救火隊花費很多時間在處理微服務間的架構、整合這類與核心業務無關的工作，因此我們認為對小型組織來說，要達成此點是相當困難的。

組織架構與文化衝擊

微服務帶來的不只是系統架構上的轉變，組織架構與文化也要隨之改變才能帶來更有效率的治理，前面我們提過應該由單一的團隊負責一個微服務，對於既有的中央集權式的組織來說，這樣的權力移轉可能會和現有的組織文化相衝突，並且後續在做跨團隊協調時可能還會遇到新的挑戰。

這樣組織文化上的衝擊可能是導入微服務時最大的障礙，即便強力意志貫徹，後果可能是在組織內造成不健康的緊張局勢，並且也難以達到微服務速度上與安全性上的優勢，因此在轉向微服務前，請務必考量到組織文化面向上可能發生的問題，並確保獲得高階管理團隊的支持。

> **提示**
>
> 不要低估導入微服務帶給組織文化上的衝擊，從原本的以產品或專案為單位的治理模式轉移到以微服務為單位的治理模式的衝擊是巨大的，過往的權責劃分與跨團隊的協調模式都要重頭來過，這是在導入微服務前必須要考慮到的，一旦輕忽，那所謂的複雜度不僅不會降低，還會從虛擬的程式碼蔓延到實體的組織文化上。

資料所有權的轉移

微服務的資料也必須獨立擁有，這是很多人忽略的點，多數人只會想到程式碼的獨立性而忽略資料的獨立性。當資料層是共用的，那表示 schema 也是共用的，導致一個微服務在考慮 schema 時也必然得把整體資料層納入考量，它無法只變更自己的 schema 而不用擔心別人的會意外壞掉，最終導致所有的微服務又要站回同一條發布線，因為誰偷跑誰就有可能把別人的程式弄壞。

分散的資料管理與治理

承上一小節，微服務的資料管理與治理也是需要被考量的一環，因為資料是各自獨立的，因此過往的資料分析與報表都要重新規劃，目前主流的資料處理流程是先將資料做 ETL（extract-transform-load，抽取 - 轉置 - 載入）後再用 OLAP（online analytical processing，線上分析處理）系統做進一步的分析處理。

但在微服務的資料處理方面就不適合上述的 ETL 模式，它更適合用串流將每個微服務的資料依目的集中到某個儲存設施再作後續的彙整與報表，由於微服務模式下的資料是分散的，得要投注更多的心力在維持每個微服務間的資料欄位定義與階層的一致性，這對傳統的中央大倉儲概念來說是很大的變革，而這之中所要花費的心力往往是被過度低估的。

分佈式系統的挑戰

在走入微服務的世界之前，必須先對分佈式系統有深入的了解，包括分佈式系統的追蹤（tracing）、觀測性（observability）、最終一致性（eventual consistency）、容錯（fault tolerance）、故障轉移（failover）等特性，這些特性對微服務同樣重要，L. Peter Deutsch 和在 1994 年寫的〈分佈式系統的八個謬誤〉[3] 直到今日仍然適用，開發者必須要對其有所了解。

此外，站在更高的視角看，那些微服務還必須得互相搭配整合成一套完整的解決方案，必須有人從整體方案的高度去思考微服務彼此的職責，一旦忽略此點，那麼那些微服務之間的角色與權責劃分將會混亂，進而導致後續更多的會議與修正，對於

---

[3]　Wikipedia, s.v. "Fallacies of Distributed Computing," last modified July 24, 2021, 20:52, https://en.wikipedia.org/wiki/Fallacies_of_distributed_computing.

此問題，可以參考本書的 ADDR 流程中的 Align（對齊）章節，裡面有談到該如何建立每個人對產品的目標、範圍的一致性認知。

最後，在單體（monolithic）系統很常見的分層式架構（layered architecture）在微服務就不那麼受歡迎，一旦分層不正確，那一個微服務的變動將會波及到其他微服務，於是又要花時間和其他團隊喬，如果真的要走分層式一定要確保劃分好服務之間的界限，可以回顧本書的 REST 章節裡面談到的分層式的概念，並試著為微服務與分層式架構中作出適當的隔離。

復原性、故障轉移和分佈式事務

當服務數量增多而彼此之間又要互相呼叫時，複雜度也隨之上升，他們之間也更容易受到網路故障的影響。

要克服上述的問題，必須導入可復原的特性，在以微服務構成的系統中，復原性（resiliency）必須是以微服務為單位去規劃的，才能在網路掛掉時自行做到重試或故障轉移（failover），而對於整體服務的復原性規劃，可參閱第 15 章「API 防護」的服務網格（service mesh）章節，但由於服務網格需要較複雜的部署與作業規劃，對於小型服務而言或許是殺雞用牛刀。

在微服務架構中，會形成所謂的「呼叫鏈」，即微服務間一棒接一棒的連續呼叫，一旦後面的棒次發生錯誤，那回退機制就要從該棒次開始，反向的讓每個微服務實施回退，在過往的服務導向架構（service-oriented architecture，SOA）中，有所謂的事務管理器（transaction manager）負責總控旗下所有元件的事務，他們通常使用兩階段提交（two-phase commit）機制來確保呼叫鏈的成功與回退，然而這在獨立性更高的微服務是難以實現的。

在微服務這樣的分佈式事務（distributed transaction）中，通常會用另一種 Saga[4] 模式來處理，在 Saga 模式下，每筆呼叫都會附加它的補償事務（compensating transaction）資訊，如果需要將整批交易回退，就逐個微服務執行它的補償事務，在此所謂的補償事務並不全然等於傳統意義上的回退到事務交易前的狀態，而有可能是再做一筆新紀錄去沖銷上一筆錯誤的紀錄，也因此將其稱之為「補償」，要達成 Saga 模式，還需要有狀態機（state machine）與事件溯源（event sourcing）兩個主要機制的存在，狀態機負責監視每個小事務的狀態，並根據錯誤點往回觸發補償

4　Chris Richardson, "Pattern: Saga," Microservice Architecture, accessed August 19, 2021, https://microservices.io/patterns/data/saga.html.

事務，而事件溯源則是歷史總帳的概念，意即最後的狀態來自於過往狀態的累加，只要過往狀態正確，最後的狀態也必定是正確的，並且還可以回退到任意的歷史時間點，藉此達成微服務層次的事務的原子性（atomic transaction）。

重構與程式碼共享的挑戰

與單體系統相比，在微服務的重構可能是更有挑戰性的，因為 IDE（integrated development environment，整合開發環境）的重構工具大多無法參照到其他的微服務，因此當有多個微服務專案有共同的重構需求時將難以運用 IDE 的自動化重構工具，導致重構時更容易發生遺漏，也更容易出錯。

另一方面，如果大家都用相同的程式語言寫微服務，那自然就會想共用某些通用模組，但要注意的是，共用模組又為微服務增加了額外的耦合性，一旦想對那些共用模組下手改點東西，又會引起好幾場跨團隊協調會議，如果真的要搞共用模組，那應該把握住不要對他們做出破壞性變更的原則，否則可能會搞死其他人。

你真的需要微服務嗎？

在衡量過微服務帶來的機會與挑戰之後，接著要問的是我們真的非微服務不可嗎？微服務在替我們解決原有架構問題的同時卻又引入了新的問題，或許微服務並非我們的終極歸宿，或許我們的單體架構其實也是滿美的，或許單體架構也可以做適度的模組化成為**模組化單體**，而不用那麼激進的立馬魔改成微服務。

模組化單體架構的好處是將原本的大單體變成幾個低耦合高內聚的模組，讓單體的複雜度降維成模組的層次，如果之後原本劃分好的模組又發展成高耦合的大單體的話，利用重構和重新劃分來再次進行模組化，之後有需要再進一步切成更細的微服務，但別忘了微服務帶來的額外成本，所以盡可能的還是維持在模組的層次。

要認知到的是，即便是單體，也可以根據用途做出適當的劃分，成為多個模組化單體，每個單體供應自身負責的那部分 API，相較於需要傷筋動骨的微服務，這可能是更適合某些團隊的選擇。

微服務的同步與異步

微服務可以是同步或異步的，同步的工作模式就如同傳統的請求／回應、走HTTP，API 風格可能是 REST、RPC 或 query-based API。

雖然同步式的 API 是大家比較熟悉也比較好懂的，但在微服務上它卻是不可靠的，如果某個客戶端呼叫了一連串的 API，而中間某個 API 失敗了，那要對之前所有成功呼叫的 API 做回退，同樣的問題也會發生在微服務的呼叫鏈上，在一連串的微服務呼叫中如果中途失敗了，但問題是微服務是各自獨立的，並且呼叫鏈後方的微服務還是客戶端不可見的，於是難以對呼叫鏈後方的微服務有效的進行回退，發起呼叫的客戶端永遠也無法知道中間斷掉了，此情況請參見圖 10.4，客戶端呼叫 A 服務，而 A 服務後面又有自己的呼叫鏈，一旦後面的其中一棒失敗，卻沒有一個機制讓 A 服務與客戶端獲知這個失敗。

上面這個難解的問題可以考慮改用異步模式，在異步模式中，有一個訊息代理器（mesage broker）或串流服務器，每個微服務會監聽特定的訊息隊列（queue）或主題（topic），而客戶端的呼叫會透過代理或串流服務推送到微服務上，微服務將事務處理後，再透過代理或串流服務推送呼叫給下一棒的微服務，依此類推，而呼叫鏈中的每個微服務跑完的結果，也會透過訊息代理或串流服務往回推送到上一棒，直到最後回到客戶端身上。

異步微服務架構的最大優勢是，隨時可以擺一個新的微服務進去換掉舊的，而不會影響到客戶端，只要讓新的微服務去訂閱相同的主題（topic）或隊列（queue）它就能無縫接軌立即上工，而客戶端完全不會受到任何驚動。

此外，在與異步 API 互動方面，客戶端也可以根據自身需求採用這幾種互動模式：射後不理（fire-and-forget）、呼叫後監聽事件（fire-and-listen for events）、呼叫後跟進（fire-and-follow-up）回應的 URL 等。

異步模式下的微服務，它們的錯誤處理與恢復通知走的也都是異步的訊息交換機制，透過訊息代理器或串流服務對外通知，而不用走同步式的一路反向回拋，簡化了架構模型，也因此不需要走複雜的服務網格（service mesh）架構。

當然，就同步／異步的本質上來說，異步的訊息機制還是比同步的拋接機制要來得複雜，開發者必須要對異步的概念有所了解，還要能正確的收發訊息，包括接收錯誤訊息來處理失敗的請求，或者用 DLQ（dead letter quere，死信隊列）機制來處理那些無效的訊息等。

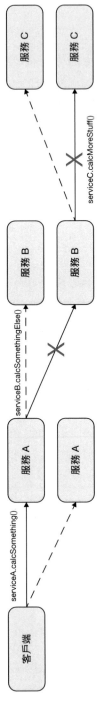

圖 10.4 同步式的微服務呼叫鏈，客戶端無法得知呼叫鏈中的失敗。

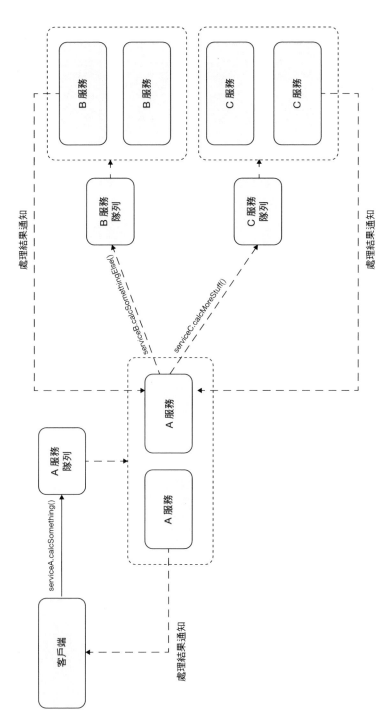

圖 10.5　異步式的微服務呼叫鏈，所有的命令與回應都透過訊息代理器傳達。

微服務架構風格

微服務的架構風格主要有三種，每一種都略有不同，對減少跨團隊協調這個面向而言，它們也都各有優劣，而他們也並非全然互斥的選項，有些人會同時採用其中的某幾種方案，這主要還是取決於組織的屬性以及對微服務的需求而定。

服務間直接通訊

在此模型下，每個服務間直接以同步或異步的方式直接通訊，這種風格是在早期微服務剛發展時的主流，如果是用同步模式做拋接，較容易遇到呼叫鏈失效後的復原與災難轉移的問題，後續我們會介紹到該如何用服務網格來克服此問題，使用異步模式也可以解決同步模式下的問題，因為它不是走同步的一拋一接模式，而是走以訊息交換為基礎的工作模式。圖 10.6 展示了本風格的示意圖。

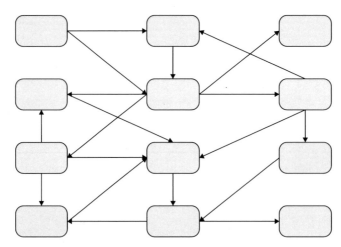

圖 10.6　直接通訊模式下的微服務可以呼叫任何一個別的服務

以 API 為基礎的規劃

如果系統原本是以 API 構成，初期轉換成微服務時最有可能採用這種風格，它將 API 內部解構成幾個微服務，但對外 API 閘道暴露的 API contract 不變，在保持對客戶端的相容性的情況下，將系統內部逐步轉換成微服務，圖 10.7 展示了本風格的示意圖。

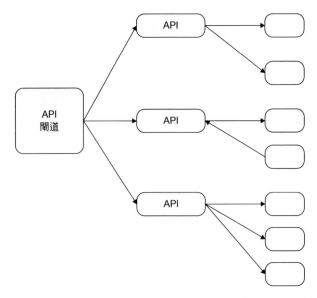

圖 **10.7**　以 API 為基礎的規劃，保有原本對外的 API contract，內部轉換成微服務。

以模組化單元組成的架構

模組化單元架構（參見圖 10.8）混合了前面兩種模式，此風格更強化了模組化的特性，每個單元模組負責某幾個數位能力，它們有可能是走同步的，也有可能是走異步的，從內看每個單元裡面可以是各種內部元件組成，每個單元都配有 API 閘道負責對外溝通，從外面看一個單元就像一個黑盒子，只看的到它的 API 閘道，當許多的單元互相疊加在一起，就可以搭出一個功能豐富的平台，此種架構模型的模組化程度更高，但也需要付出更高的管理成本，因此僅見於大型組織。

Uber 的工程團隊最近才將他們的架構從許多零散的服務轉換成這種模組化單元式的架構，他們發現雖然複雜度略有增加，但微服務帶來的效益遠大於那些微增加的複雜度，Uber 將他們的作法稱為 DOMA（Domain-Oriented Microservice Architecture，領域導向的微服務架構），並寫了專文介紹[5]，他們將原本各自為政的

5　Adam Gluck, "Introducing Domain-Oriented Microservice Architecture," Uber Engineering, July 23, 2020, https://eng.uber.com/microservice-architecture.

服務，根據各自的負責領域重新安排成一群一群的單元，在降低整體複雜度的同時又可以達到為大型的架構帶來靈活性。

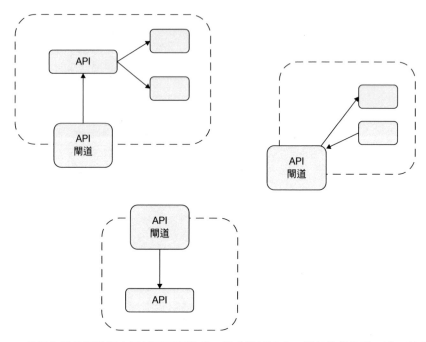

圖 10.8 模組化單元架構混合了前面兩種模式，將系統拆解成更模組化的結構，適用於大型組織或複雜的系統。

穠纖合度的微服務

當我們走在「微」服務之路時，常常會想問「微服務到底能做到多大？」，這是個過於籠統而無解的問題，正確的問題應該是「根據當前需求，這個微服務應該要做到多大？」

微服務並不是做完就可以高枕無憂，它會隨著時間而逐漸變大、變複雜，當大到一定程度，就有可能對其做出切分，而當兩個微服務互相依賴時，我們也要考慮是否應該將它們合併以獲得更好的效率，因此回到前面的問題，微服務並不存在一個固定的量體，而是應該回歸需求，根據當前的需求做出最好的規劃。

任何的服務都有隨時間而肥大的傾向，對此我們必須加以重視，必須要有人定期審視一個服務的業務領域與邊界，必要時對其重新劃分，而這份工作最好由最了解該服務的小組自行負責，交給別人做又會是幾場無盡的協調會以及慘澹的工作效率。

要做出穠纖合度的微服務，可以利用下列的設計與評估流程：

1. 以原本 API 事務邊界為基礎，試著將其劃定為可能的微服務，這樣的好處是原有的事務邊界已經與其他 API 領域做了清楚的責任劃分，不會發生權責不明或重疊的問題。

2. 將上述可能的微服務區域實際設計出兩三個較粗粒度的微服務，既可從少量開始累積微服務設計的實戰經驗，又可確保整體系統不會因此而崩潰。

3. 當微服務長太大時，以事務的範圍為基礎，再次將它們做適度的切分，讓微服務保持對自身業務領域的專注性並減少與其他微服務的重疊性，進而減少冗長的跨團隊協調會議的發生。

提示

與其關心微服務的大小，不如關注微服務的目的，我們要的是微服務帶來的易於抽換和添加的架構特性，而不論一個微服務一開始是胖是瘦。

將 API 解構成微服務

如果我們打算將某個 API 解構成微服務，那應該有幾項工作要做：將原有 API 的時序圖展開，加入更多細節，找出其中那些部分可以轉換成微服務，再補足那些微服務的設計細節。

第一步：識別出可能的微服務

解構 API 的第一步是識別出可能的微服務，之前在建模階段或設計階段我們曾經做過 API 時序圖，在此將 API 的時序圖展開，納入外部系統與資料儲存層，完整的時序圖能讓我們較好的識別出各個操作的事務邊界，圖 10.9 為 Shopping API 時序圖加上外部搜尋引擎後的範例，搜尋請求會交由搜尋引擎負責處理。

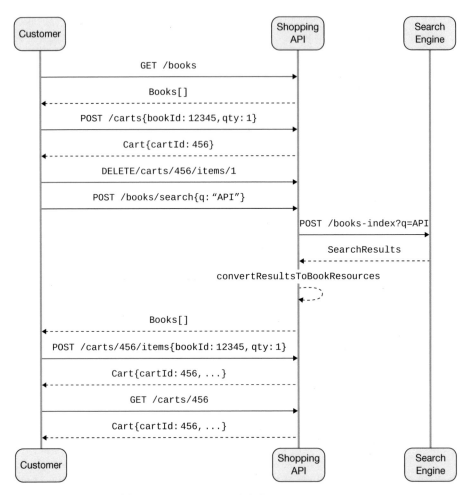

圖 **10.9**　加入外部搜尋引擎後的 Shopping API 時序圖

由於 Search Books 這項操作在 Shopping API 中是只讀不寫的，又與其他操作有顯著的獨立性，這讓它有機會從原本的 API 中解構出來成為單獨的微服務，而負責它的小組也要承擔起所有與該服務相關的責任，包括效能調校、交付等工作，在圖 10.10 我們將可能作為微服務的搜尋事務劃出它的邊界。

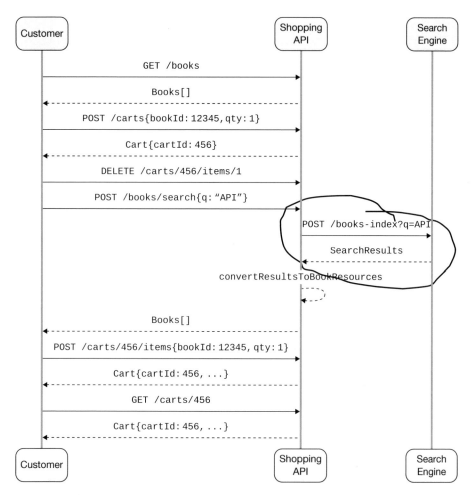

圖 10.10　搜尋操作是相對獨立的，其中包括索引、搜尋等工作，在此我們將 Search Books 列
　　　　　為可能的微服務之一。

第二步：在 API 時序圖中加入微服務

將時序圖展開後，在這一步，評估其中的可能被拉出來做成微服務的部分，判斷它
是否應該走 REST 之類的同步或異步 API，並將結果更新至時序圖，更新後的範例
如圖 10.11。

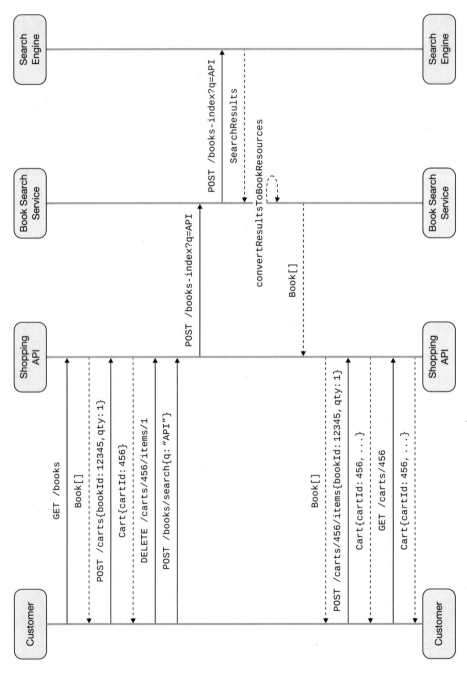

圖 10.11　更新後的時序圖，加入了被獨立出來的微服務。

接著再次審閱時序圖，看看那個微服務是否需要再做進一步解構，或者它涵蓋的事務領域又太小了而需要納入更多相關的事務。

第三步：用 MDC 定義細節

最後我們在 MDC（Microservice Design Canvas，微服務設計畫板）[6] 來填入微服務的詳細資訊，用它補完與微服務相關的命令、查詢、事件等的資訊，如果在填寫時發些難以在一頁內的篇幅寫完，那可能表示這個微服務的規模太大了，這時可以再次回頭重新評估是否應該將它做進一步解構，或者它的確就是要這麼豐富才能滿足這一部分的需求，圖 10.12 展示了 Book Search Service 的 MDC 範例。

補完了 MDC 的資訊，我們就可以用它來進行實際的施工，但在動手前，先了解一下其他在設計微服務時應該注意的事項。

額外的設計考量

將服務解構成微服務並非百利而無一害，對客戶端來說，多一支微服務，網路就多一分延遲。

網路延遲的問題在同步式的微服務會特別明顯，一支微服務有一次拋接，多支微服務就有多次拋接，當呼叫鏈一長，那累積起來的拋接時間是相當可觀的，作為收到回應的最後一棒，客戶端得等到全部的拋接都跑完才收得到它那份回應，儘管把每一棒的回應時間控制在 10 ms 內有可能部分緩解延遲問題，然而這無法從根本解決問題，負載一變高、反應一變慢，延遲的問題又再度浮現，並且令人苦惱的是，在某些微服務系統中，我們很難明確的知道到底一個請求進來會跑幾個微服務，因此也令人難以去預估整體的反應時間，因此在同步的低複雜度與異步的高效率之間，必須得加以權衡。

如果可能，盡量讓一個事務在一個服務內全部搞定，如果一個事務需要跨好幾個服務，那無疑的又增加了設計的複雜度，如果跑到中間某一棒失敗了，又要牽涉到複雜的沿原路回退的問題，每個服務的事務管理都是獨立的，可能無法做到單純的回退，而得用補償事務（compensating transaction）來沖銷，也就是前面說過的 Saga 模式，因此我們會盡可能地讓一個微服務保有它的事務完整性，而不要讓事務跳來跳去。

6　https://launchany.com/canvas

微服務摘要

服務名稱： Book Search Service　　　**說明：** 管理書籍搜尋引擎的索引和搜尋工作

用戶端行為：
1. 搜尋書籍
2. 將書籍納入索引
3. 將書籍移出索引

依賴

服務依賴

事件訂閱

N/A

架構

品質標準

99.9% 的可用性

...

實作

資料源

第三方搜尋引擎，如 Elasticsearch

邏輯／規則

將書籍資源轉變成可搜尋的欄位，以滿足簡單的全文搜尋與自定義條件的查詢需求

介面

查詢

search Books(query)

命令

indexBook(Book)

removeBookIndex(BookId)

發布的事件

Books:Searched

Microservice Design Canvas v2 – https://launchany.com/canvas

圖 **10.12**　MDC 範例，用於記載一個微服務的諸元資訊，包含各種設計層面的考量，作為實作前的根據。

另外，應當考慮由一個專門的團隊負責一個微服務，當每個微服務都有自己的專責團隊時，試想一下，如果要搞一個新的微服務，那個拖時間的跨團隊協調會是會開得越多還是越少呢？微服務帶給我們的好處可不只是縮減程式碼體積，更好的是縮減開會時間，對吧！

最後一點，不要把一組 CRUD 拆成不同的服務（例如：Create Project Service、Update Project Service、Read Project Service、List Projects Service、Delete Project Service），在一服務一團隊的原則下，同一個資源開這麼多服務只會讓我們有開不完的會議，只要資源的格式改一次就是一場會，改 N 次就是 N 場會，要這樣做的唯一理由只有複雜度太高而必須拆分才能保持各自的權責清楚的情況下才有可能，例如某個資源的付款操作，因為有串接外部金流服務，這部分才比較適合拆出去變成獨立的微服務。

轉換成微服務時的考量

儘管微服務有著諸多好處，但轉移的過程牽涉到組織架構的重整，難以簡單為之，有些組織在思考過後決定只小規模的轉換到微服務架構，而有些組織則選擇放棄，改找尋微服務以外的替代作法，而有些組織則決定毅然繼續他們的微服務之路。

首先我們要確定有沒有把微服務用在正確的地方，在某些情況中，採用微服務的決定來自高層的要求，他們認為微服務這帖藥方吃下去就能加快交付速度，因為自己的產品不複雜（例如一個管理資料集的 CRUD 應用），改成微服務應該是彈個響指就變出來的東西，他們完全沒有意識到與微服務伴隨而來的成本與挑戰，最終浪費了大量的時間與精力換來一個事倍功半的結果，只為了把一個原本就相當單純的應用魔改成微服務的樣子，不僅在應用的執行環境增加了不必要的複雜度，在故障排除、分佈式事務等方面也都增加了原本根本就不存在的複雜度。

其次，要確定組織與文化是不是能接受微服務帶來的改變，有些組織對組建微服務專責團隊沒有準備，他們用做專案的方式做微服務，交付了就功德圓滿了，原班人馬就跑到另一個戰場繼續奮鬥，即便新專案有可能可以沿用既有的微服務，或者稍微擴充就可以讓既有的微服務同時為兩個專案所用，但因為他們的思維還停留在專案式的思考，所以即便如此他們也不會沿用既有的微服務，而是又一次的再搞一個八成像的微服務給新專案，造成了架構、時間、成本各方面的浪費。

總而言之，對於系統架構，我們一直以來追求的都是小而美的模組化單元，並提供清晰的 API 供客戶端使用，只有在複雜度過高，並且必要的時候，當我們都準備好了，再轉換成微服務。

總結

微服務是可獨立部署的程式單元，我們可以用多個微服務互相堆疊搭建出一個功能豐富的分佈式系統，而在轉移到微服務的路上，同時會需要技術面的轉變與組織面的支持，只要對微服務的各方面優缺點做足夠的評估與準備，就能用最小的成本與衝擊換來最大的效益，特別是在減少跨團隊會議這方面。

然而新興技術的華麗糖衣背後有可能是更高的複雜度，微服務固然有它的好處，但也帶來了新的挑戰，在遷移到微服務前必須先清楚知道微服務背後的成本以及設計、建置、營運上的複雜度是否高於原本的單體架構。

微服務也並非模組化的唯一解，微服務外外也可考慮其他的替代方案，例如模組化單體（modular monoliths）或單元式架構（cell-based architecture），他們都可以做到與微服務類似的目的，但可能不需要像微服務那樣大幅變動組織架構，如果壓抑不住想趕流行的心，那麼請冷靜下來，想一想敏捷開發的「YAGNI」（you ain't gonna need it）原則，先務實地從模組化單體 API 開始，往後真的有需要再來搞微服務。

第十一章

優化開發體驗

一個有價值 API 會有多個用戶，這是天生的不對稱，並且會隨著時間而日益明顯。

—Mark O'Neill

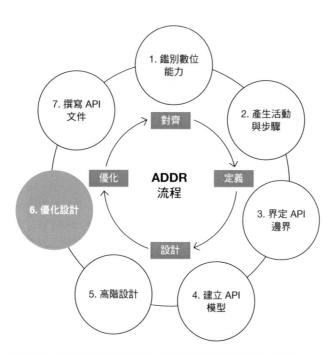

圖 11.1 優化 API 設計，包括優化開發體驗，例如提供輔助套件或 CLI 工具。

當我們在思考 API 時，總是站在程式與交付的角度，我們想著要用哪種語言、哪種框架、哪種 CI/CD 工具，這些的確很重要，但也只對我們很重要，對 API 用戶來說，其實他們不關心這些，那麼我們該如何服務這些未來可能會成千上百位的用戶金主大爺們呢，這是值得思考的。

身為 API 的供應方，應該以用戶優先的角度思考，怎樣的設計與產品才是符合他們需求的，這其中當然也包括了提供擬真 API 讓早期用戶能藉此驗證 API 設計的實用性，也能讓我們盡早蒐集他們的使用意見（參見圖 11.1），除此之外，也要考慮是否應該提供輔助套件或 CLI 工具讓用戶能更方便的取用我們的 API，縮短 API 的上手時間。本章將深入探討上述對 API 用戶的體驗有重大影響的議題。

建立擬真 API

API 設計融合了標準的設計模式與我們的主觀決策，而某些我們看來合理的設計在其他人眼裡可能不這麼認為，當他們實際做串接時可能會因此遭遇困難，API 擬真工程是建立一套模擬版的 API，讓我們自己或用戶能藉此驗證這樣的設計是否符合他們的需求。

擬真 API（mock API）顧名思義，它只是假裝的 API，它沒有完整的程式碼，也沒有真的後端資料庫，它只會根據 API 的設計，回應某些預先設定好的內容與格式。

藉由擬真 API，開發者將能在真正的 API 生出來之前就開始串接工作，而對我們來說也能藉此得知當前的 API 設計是否真的能滿足用戶需求，還能藉此驗證資料格式在設計上的正確性。

API 的設計包含了某種形式的妥協，所謂的妥協來自對用戶反饋的設變，在原始的設計初衷與用戶的真實需求間做出平衡的妥協，而這樣的妥協一旦發生在已發布的 API，那設變只能排入下一次發布週期，這又在某種程度上減損了我們的開發體驗，為了避免上述的狀況，擬真 API 又再度發揮它的價值，透過擬真 API，用戶可以在真實 API 被做出來之前就可以驗證串接的情況並做出反饋，而我們也可以據此及早將設變反應到我們的 API 設計中，如此既降低了成本，也提高了體驗。

除了驗證設計外，擬真 API 也對前端串接有幫助，他們可以在真正的後端 API 完工之前就用擬真 API 開始動手串接，或者也可以用它跑自動化測試，等到後端真的完工再把連線位址替換掉就好，因為擬真 API 的介面和真正的 API 是一樣的，如此就可以前後端兩線並行開發，可大幅加快串接速度。

有三種主要的擬真 API 作法：靜態 API、原型 API、README 模擬，他們可以單獨也可以混合使用，而擬真 API 一般所在的學習環境（learning environment）不論是架設在本地還是雲端，一般會與生產環境（production environment）切開，避免節外生枝。

建立靜態 API

建立擬真 API 的最簡單的方式就是做成靜態 API，所謂的靜態 API 其實就是把 API 應該要回覆的資料和格式編寫成獨立的 JSON 或 XML 檔案，再交由人工審閱或程式調用，就可以讓他們對我們的 API 設計做到初步的驗證。

下面是 Shopping API 以 JSON:API 格式編寫的 Book 資源回覆範例：

```json
{
  "data": {
    "type": "books",
    "id": "12345",
      "attributes": {
      "isbn": "978-0321834577",
      "title": "Implementing Domain-Driven Design",
      "description": "With Implementing Domain-Driven Design, Vaughn has
made an important contribution not only to the literature of the Domain-
Driven Design community, but also to the literature of the broader enterprise
application architecture field."
    },
    "relationships": {
      "authors": {
        "data": [
          {"id": "765", "type": "authors"}
        ]
      }
    },
    "included": [
      {
        "type": "authors",
        "id": "765",
        "fullName": "Vaughn Vernon",
        "links": {
          "self": { "href": "/authors/765" },
          "authoredBooks": { "href": "/books?authorId=765" }
        }
      }
    ]
  }
}
```

靜態 API 的檔案可以放在 Web 主機內，例如 Apache 或 nginx，讓前端可以對其做簡單的互動，取得回應並顯示在 UI 上，這樣就能讓他們對 API 做初步串接，並提出使用上的意見。

要注意的是，靜態 API 只能模擬 GET 的行為，無法模擬其他的操作，儘管如此它還是很有價值的，第一是簡單，不用寫任何邏輯就能讓客戶端測試，其次是即便只能取得某個資源也是很有用的，客戶端還是能藉此驗證資料格式的正確性與實用性並提供許多有用的意見。

建立原型 API

相較於沒有互動能力的靜態 API，原型 API 能更好的驗證我們的 API 設計，在之前的靜態 API 中，頂多能做到類似 GET 的操作，而原型 API 則能提供完整互動的模擬，用它來測試新建、修改等操作都不成問題。

然而要能做到更豐富的互動，當然也要花費更多的精力，一般我們會選用能快速開發的語言或框架實作，例如 Ruby、Python、PHP、Node.js 等等，他們都有能幫我們快速生出 API 和假資料的超豐富套件庫。

> **附註**
>
> 對於原型 API，建議選擇與真實產品不同的語言或框架，如此即可確保這些本應是可拋式的程式不會意外被放入正式產品中，進而減少可能的失誤。

如果不想自己手刻原型 API，還可以利用現成的原型 API 產生器，這類工具大多可讀入 OpenAPI 這類的 API 描述文件，並根據文件內的定義產生出相對應的端點、操作、文件等，功能也頗為齊全，一般的 CRUD 操作都可以幫我們生出來，甚至有的還可以幫我們生出客戶端的範例程式。

在原型 API 的作法上，我們建議初期先簡單做，再根據需求逐漸擴展原型 API 的規模，讓前期的反饋能反應到後期的功能上，避免無謂的重工。

用 README 模擬

用 README 文件來模擬 API 互動也是一招，這招同樣不需要寫程式碼，只要在 README 文件內寫好寫滿 API 的用法與範例，讓讀者用人腦模擬驗證 API 的互動行為，並據此確認是否有符合用戶需求。

文件格式方面，現今多數的 README 文件會以 Markdown 撰寫，它可以在裡面放程式碼，又可以被轉成網頁，美美的呈現在瀏覽器內，並且像是 GitHub 和 GitLab 對 Markdown 也有良好的支援，或者像 Jekyll 或 Hugo 這類的 SSG（static site generator，靜態網站產生器）同樣的對 Markdown 也有良好的支援。

下面是一則 README 範例，展示了如何取得書籍資料與如何加入購物車的 JSON:API 格式示例：

```
1. Retrieve Book Details

GET /books/12345 HTTP/1.1
Accept: application/vnd.api+json

HTTP/1.1 200 OK
Content-Type: application/vnd.api+json
...

{
  "data": {
    "type": "books",
    "id": "12345",
        "attributes": {
        "isbn": "978-0321834577",
        "title": "Implementing Domain-Driven Design",
        "description": "With Implementing Domain-Driven Design, Vaughn
has made an important contribution not only to the literature of the
Domain-Driven Design community, but also to the literature of the broader
enterprise application architecture field."
    },
    "relationships": {
      "authors": {
        "data": [
          {"id": "765", "type": "authors"}
        ]
      }
    },
    "included": [
```

```
      {
        "type": "authors",
        "id": "765",
        "fullName": "Vaughn Vernon",
        "links": {
          "self": { "href": "/authors/765" },
            "authoredBooks": { "href": "/books?authorId=765" }
          }
        }
    }
}
```

2. Add Book to Cart

```
POST /carts/6789/items HTTP/1.1
Accept: application/vnd.api+json

HTTP/1.1 201 Created
Content-Type: application/vnd.api+json
...

{
  "data": {
    "type": "carts",
    "id": "6789",
      "attributes": {
          ... truncated for space ...
        }
    }
}
```

3. Remove a Book from a Cart

```
...
```

這種作法的好處是不僅能促進讀者的思考，我方在撰寫的同時也必須思考當前的設計是否能滿足用戶的需求與目標，這一切都在一顆有機的腦袋內發生，而不用寫下任何一行程式碼，在撰寫的同時也豐富了 API 文件的內容，我們甚至可以說這個過程是手寫版的 BDD（behavior-driven development，行為驅動開發），亦稱為 README-driven design，或者也可以說是人肉版的 Cucumber[1]。

1　https://cucumber.io

提供輔助套件與 SDK

客戶端的輔助套件可提供許多功能，包括 HTTP 連線管理、錯誤提示、JSON 序列化 / 反序列化等，有些用戶特別喜歡有輔助套件的 API，因為這能大大加速他們的串接速度，他們不需要自己去管理那些底層的 HTTP 事務，某些輔助套件還能為客戶提供在 IDE（integrated development environments，整合開發環境）的程式碼補完（code completion）功能，這對走 HTTP 的客戶端來說是重要的，可以省去大量閱讀文件與自行試錯的時間。

而 SDK（software development kit，軟體開發套件）則是包含了以上所講的輔助套件，再加上其他的文件、範例程式、參考應用等開發資源的大禮包，然而隨著網路的興起，SDK 的角色也逐漸被開發者網站（developer portal）所取代。

SDK 與輔助套件兩個詞彙在許多情況下都被混用，因此我們有責任在發布這些工具時說清楚講明白裡面到底裝了些什麼，才不會讓開發者產生錯誤的期待或任何不必要的誤會。

然而，在某些情況下開發者可能不偏好輔助套件，如果他們更熟悉 HTTP，他們可能更傾向由自己實作串接的邏輯，或者如果輔助套件無法達成他們想要的某些目的，那他們也會更傾向選擇自己實現而不用輔助套件。

輔助套件的供給模式

輔助套件可以用下面三種模式供應：

- **供應方支援的：**由 API 供應方提供的第一方支援套件，供應方負責輔助套件的開發和管理，也要負責讓輔助套件跟上 API 的改版。

- **社群貢獻的：**輔助套件也可能是由社群自行發起貢獻的，API 供應方也多半樂見有人願意發展輔助套件，或許還會與之合作，也有可能在某些時日後收割社群成果改由自家接手維護，要注意的是一旦社群的熱情消散，那輔助套件有可能會無人維護，因此身為 API 供應方，維持與社群的良性互動是很重要的，社群的維護志工一旦因為「心，委屈了」而脫群，那難免會對外表達負面的評論，因此盡可能與社群保持良好的溝通。

- **用戶產生的**：隨著 API 相關工具鍊的興起，用戶端也可以利用 Swagger、RAML、Blueprint 這些生態的工具自己產出輔助套件，只要餵一個 API 描述檔進去，這些工具就能幫我們生出輔助套件和其他玩具，還可以直接生成客戶端的範例程式，他們甚至可以決定是只要對 HTTP 做簡易封裝的輕量程式，或者是連物件 / 資料結構都模組化好的重型程式，這對用戶來說是最自由、最有彈性的方式。

身為 API 第一方供應商，我們應該對輔助套件的供應模式做出完善的規劃，不只是上面提到的三種模式，還包括輔助套件要支援那些語言，以及如果有社群或用戶自行製作的輔助套件，那我們該如何對他們提供支援，以及我們自家的輔助套件的定位等的問題。

輔助套件的版次管理

輔助套件也要有自身的版次編碼原則，儘管某些開發者可能會將輔助套件的版次與 API 本身的版次搞混，但一般來說我們還是會為輔助套件制定自己的版次，才能較有系統的與 API 的版次做出對應，也才能反應出輔助套件自身的改版幅度。

舉例來說，在後端 API 未變動的情況下，輔助程式 v1 是將後端的資源屬性以 hash 鍵 / 值對的方式表示，但輔助程式 v2 卻有可能改用物件的形式表示，也因此我們有必要為輔助套件標上自身的版號才能讓用戶順利區別這樣的版次變化，甚至有可能不同語言的輔助套件出現改版進度不一的情況，例如 Ruby 的輔助套件已經走到 v2.1.5，而 Python 的卻還停在 v1.8.5。

在多版次共存的情況下，輔助套件在發出請求時，在 `User-Agent` 標頭置入版號是個不錯的點子，這讓服務端能知道送請求進來的是哪一門哪一路的，但最重要的還是主客端都在 log 內留下版號和相關資訊，讓所有的一切都是可追溯的，將來除錯也更容易找到原因。

如果客戶的支援請求是來自電子郵件，那除錯就會變得困難一些，他們可能會忘記附上輔助套件的語言、版號、甚至 API 端的版號，在缺乏線索的情況下，很難就這樣隔空抓藥，如果他們用的還不是我們的輔助套件，而是社群自行開發的輔助套件，那又會更難一些，畢竟我們都沒有通靈的技能，除了請神明降駕之外大概也別無他法。

然而以上的問題並非全然無解，市面上有許多的 APM（application performance management）工具或服務能幫助我們，他們可以以模組的形式加入服務端與輔助套件中，並記錄所有的請求與回覆訊息，包括主客端的版本等資訊，全部彙整到他們的平台，我們就可以透過他們的平台得知所有的互動紀錄以及回應時間、負載等數據指標，這些都有助於我們找出問題以及改善效能瓶頸。

輔助套件的文件與測試

開發者在串我們的 API 時，一定不希望看到文件殘缺的輔助套件，為了滿足開發體驗，一定要為每個輔助套件支援的語言編寫文件，不僅如此，開發者網站的範例也要有各種支援語言的範例程式碼。

而在每一次新版 API 發布前，也都要確定文件的內容有隨著程式更新，也要對每一種語言的輔助套件做自動化測試，當然也要更新自動化測試本身的程式，確保輔助套件能與新版的 API 正常運作。

提供 CLI 工具

雖然大部分的用戶都是將其自身的應用與我們的 API 串接，但別忽略了有些人還是有能需要 API 的 CLI 工具的，對一個 API 產品或平台來說，開發一個專門的 CLI 工具供用戶使用也不是什麼罕見的事。

與輔助套件不同的是，CLI 工具的用戶不見得懂程式，CLI 相較於 API 有著更友善的介面，它不僅能讓人更方便的取用我們的 API 功能，也能成為自動化腳本內的一部分，用途多元，沒有做不到，只有想不到，例如以下這些：

- 在自動化腳本使用

- 透過 CLI 取得服務端的資源，可用於某些 POC（proofs of concept，概念驗證）的玩具

- 運用在自動化的基礎設施內，例如 Kubernetes、Heroku、AWS、Google Cloud 等等

藉由 CLI 工具，我們的用戶能從原本的開發人員拓展到系統維運人員，他們或許不太寫應用程式，但卻對 shell 腳本很有一套，透過 CLI 工具的友善介面以及 JSON、CSV 的輸出能力，他們能將我們的 API 功能整合進他們的自動化腳本內。

設計 CLI 工具與設計 API 並沒有什麼不同，都要透過 JTBD（jobs to be done，需要完成的工作）方法來了解用戶的動機、需求、目標三大設計要素，再在 CLI 工具的實作中滿足用戶的需求，以下是 Shopping API 的 CLI 工具範例：

```
$> bookcli books search "DDD"

| Title                         | Authors         | Book ID         |
|-------------------------------|-----------------|-----------------|
| Implementing Domain-Driven ... | Vaughn Vernon   | 12345           |

$> bookcli cart add 40321834577

Success!

$> bookcli cart show

Cart Summary:

| Total         | Estimated Sales Tax |
|---------------|---------------------|
| $42.99 USD    | $3.44 USD           |

Cart Items:

| Title                         | Price        | Qty | Book ID         |
|-------------------------------|--------------|-----|-----------------|
| Implementing Domain-Driven ... | $42.99 USD  | 1   | 12345           |

$> ...
```

想要打造優秀的 CLI 使用體驗，必須要了解「以人為本的 CLI 設計」的設計理念，在此推薦《Command Line Interface Guidelines》[2] 這份絕佳的教材，裡面深入介紹了設計 CLI 工具的相關知識，作者們在作業系統與工具程式方面有超過 40 年的資歷，具有豐富的實務經驗，透過該教材讓我們了解該如何實踐以人為本的 CLI 設計。

---

[2] Aanand Prasad, Ben Firshman, Carl Tashian, and Eva Parish, Command Line Interface Guidelines, accessed August 20, 2021, https://clig.dev.

此外，*nix 上有著行之有年的 pipeline（管道機制），如 sed、awk、grep 這類老工具它們都能夠透過 pipeline 取得上一個指令的結果作為輸入，並將自己的輸出也透過 pipeline 傳遞給下一個指令，藉此達到不同指令混合運用的能力，我們的 CLI 工具應該也要能作為 pipeline 的一份子，讓用戶能自行搭配不同的指令，拼湊出自己想要的結果，這也豐富了我們的 CLI 工具的使用情境。最後，還可以觀摩其他 CLI 工具的設計，例如 Kubernetes、Heroku 等等，它們都做出了相當成功的 CLI 工具，可以透過觀察他們的作品來學習打造一個友善的 CLI 工具的小撇步。

善用輔助套件或 CLI 工具產生器

不論組織或產品規模為何，都可以善用產生器為我們省下寶貴的時間，產生器有預先配置好的程式模板，只要適當配置它就會以通用的幾種設計模式為我們的 API 產生出所需要的工具或程式，在各種的 API 風格中，gRPC 是特別依賴產生器的，而其他的 API 風格也可以自由選擇產生器的使用與否，只要能善用產生器，它可以很快速的為我們製作出出各種不同語言的 SDK 或輔助套件。

如果是走 REST API 風格，最常見的產生器是 Swagger Codegen[3]，它的開源版可以產出各種不同語言的客戶端程式，另外一個也很常見的是 APIMatic[4]，它是走免費增值（freemium）模式的工具，他們都是優秀的程式產生器，讀取 OpenAPI 描述擋後即可為我們產出客戶端程式，產出後的程式只要經過適度的檢視與打包就可以對外發布給用戶。

除了現成的產生器，某些公司會大手筆的開發自家專用的產生器，訂製的當然比通用的能添加更多量身打造的特性，例如生出來的程式可以內建自家的流量管控機制、內建自家錯誤碼解析器、內建自動重試等機能，如果有錢有閒，自己搞也是個不錯的選擇。

3　https://swagger.io/tools/swagger-codegen
4　https://www.apimatic.io

總結

API 設計並不僅止於操作端點和通訊協議,站在用戶導向的立場,我們需要去思考該如何讓開發者更好的使用它,許多關於 API 內部的設計思考在外界看來就像個黑盒子,用戶對黑盒子內部的運作不感興趣,他們關心的是它能不能好好的工作、協助他們完成自己的目標,而 API 周邊的工具就是能幫助他們達成目標的好幫手,API 越是複雜,周邊的工具(例如擬真 API、輔助套件、CLI 等等)就顯得越重要,否則他們將難以上手。

延續上面的觀點,每當我們做出某項決策時,都要去思考這是否會對用戶體驗產生正面或負面的效應,其中一個要把握住的原則是站在多數人的角度設想一個設計決策的後果,而不要只站在少數人的角度,確保一個決策是對多數人有益的。

第十二章

API 測試策略

移除軟體中的缺陷是最耗時耗力的工作。

—Caspers Jones

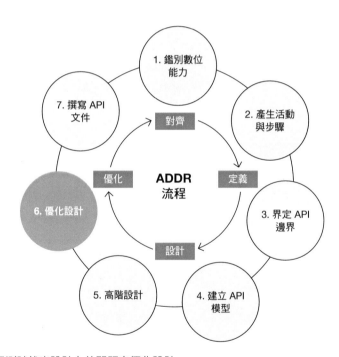

圖 12.1 利用測試找出設計上的問題來優化設計

搭建 API 產品或平台時,其中一個重點是 API 測試策略的規劃,成功的產品仰賴正確的測試,正確的測試也有助於加快交付的速度,同時避免了未來因為「移除缺陷」而所要付出的高昂代價,此外,自動化測試也讓我們有機會從用戶導向的視角檢驗自家的產品,也是可以審視自身產品的開發體驗的一環。

驗收測試

驗收測試也稱為**解決方案導向測試**（solution-oriented testing），用於確保 API 的整體設計符合工作故事的規劃，它為我們解答下列問題：

- 我們的 API 真的能為用戶解決問題嗎？

- API 的目的符合當初 JTBD（jobs to be done，需要完成的工作）所規劃的嗎？

驗收測試用於驗證 API 的操作是否符合當初的規劃，它關心的是 API 對外暴露的介面與互動行為是否與預期相符，它不關心 API 內部的功能或技術細節，因此我們也將其稱為端對端（end-to-end）功能測試。

驗收測試是所有種類的測試中最有價值的，在編寫驗收測試案例時，我們可能會寫到單一操作端點的測試，也會寫到跨端點的端對端整合測試，這些測試案例在撰寫的同時，也相當於我們在自我驗證 API 是否提供了良好的開發體驗，鑒於它的重要性，如果時間有限，除了程式邏輯本身的測試外，驗收測試是最值得實施的測試。

自動化安全測試

幾乎每週都可以看到某某公司被駭了，多少個資外洩了的新聞，對我們來說，資訊安全不是個產品，而是個流程，而且是必須納入每個環節的流程，藉由安全測試，我們期望得到下列問題的答案：

- API 擋得住攻擊嗎？

- API 有外洩資料的破口嗎？

- 是否有人能從 API 爬取資料並得知我的商業機密？

廣義的安全測試不僅止於自動化的安全測試，它是貫穿整個設計流程的所有環節，在設計階段、開發階段、運行階段都必須納入安全測試的機制，例如設計審閱、程式碼靜態／動態分析、運行監測等都是廣義的安全測試的手段。

在設計階段和開發階段的安全測試，通常會先制定一系列的安全政策，再利用工具去找出是否有與之違背，這包括每個 API 操作的授權政策檢查，確保所有的操作都有符合存取控制的規劃。

在安全和存取監控方面，建議另在 API 之外的管理層處理，透過 APIM（API Management，API 管理工具）可以較彈性的做到存取控制的配置以及更豐富的 log 分析，對於 API 安全相關的議題我們會在第 15 章「API 防護」再深入探討。

運行監控

API 作為供人串接的服務，意味著外部系統對 API 有著依賴性關係，而且 API 的運行狀態也影響著外部系統的可用與否，不論這個外部系統是組織內的或組織外的，一旦依賴性關係成立，API 就有責任維持自身的穩定運行，在某些條件下，我們可能會被要求簽下 SLA（service-level agreement，服務等級協定），藉此向商業客戶或夥伴保證我們的維運能力，SLA 的要求根據個案不同，可能是運行時間上的，也可能是效能要求上的，無論是何種形式，必須盡力遵守，一旦無法達成 SLA 所承諾的條件，客戶必然會感到憤怒與失望，甚至可能要給客戶財務上的補償。

運行監控可以為我們回答以下問題：

- API 有正常運作嗎？效能有達到預期嗎？
- API 有符合 SLA 所承諾的嗎？
- 有必要開設更多機台才能符合效能要求嗎？

API 運行監控的兩大主要功用是監控與分析，分析 API 在實際負載下的效能與失敗率並加以改善，分析的方法可以單純的自行記錄效能指標，也可以複雜到用專門的外部服務，他們提供了豐富的儀表板和折線圖滿足我們各方面的監控需求。

API Contract 測試

API contract 測試，又稱為*功能性測試*（functional testing），用於驗證 API 的每一項操作的行為是否如預期的符合 API contract 的定義。

API contract 測試能為我們解答以下問題：

- 每一項 API 操作都有符合規格所定義的嗎？
- API 操作的輸入參數都有符合規格嗎？異常的輸入有被正確的處理嗎？

- 客戶端有收到正確的回應嗎？

- 回應的格式正確嗎？回應的資料型態正確嗎？

- 錯誤有被正確的處理嗎？有回應給用戶正確的錯誤訊息嗎？

在本書的 ADDR 流程中，在實作之前的設計階段我們就已經制定了 API 描述文件，文件中記載了 API 與其操作的特性的詳細資料，API 描述文件除了作為 API 高階設計文件外，也可用於驗證實作後的 API contract 的正確性，在 REST API，比較常用的 API contract 有 OpenAPI（Swagger）、API Blueprint、RAML（RESTful API Modeling Language）等，而在 GraphQL，它也有自己的 schema 定義文件，這些都可用於 contract 測試，而 gRPC 則是有它的 IDL（interface definition language）文件，這些各具特色的 API 描述格式將會在第 13 章「撰寫 API 設計文件」再作進一步介紹。

API contract 測試首先要確認 API 的每一個操作的正確性，當某個 API 操作端點的行為或資料只要出一點狀況，那影響的規模可是數以千計的客戶端，這種規模放大千倍的效應應該沒有人的心臟大到受得了，因此找出 API 的臭蟲、異常行為，確保 API 符合設計規格就是 API contract 測試最主要之目的所在。

此外 API contract 測試還必須確認 API 的可靠度，API 的每個操作端點對每一次的請求應該都要能回覆出正確的訊息，若是一個具冪等性（idempotent）的操作也應該對重複的請求給出同樣的回應，而能回覆多頁面結果的端點給出的結果，應該也是要有正確分頁的。

最後，在跑 API contract 測試時也要走反面的測試，送出一些異常的請求或不正確的資料，驗證是否有給出正確的錯誤回應，不正確的資料可以是異常的型別，例如數字改用字串送，或者超出範圍的值，例如一個超小的日期或一個超大的日期等等，驗證 API 是否有正確捕捉到這些異常並回應之。

UI 測試 vs. API 測試

有些人認為專門為 API 做測試是沒必要的，大可做個客戶端，在客戶端 UI 跑測試一樣可以測到 API，但其實不然，首先，無法保證該客戶端涵蓋了所有的 API 操作，例如某個檢查輸入值的功能一旦在客戶端實作了，那就表示 API 端永遠都測不到它對錯誤資料的回應是否正確，我們將無從得知 API 的錯誤處理能力。

有些人可能會覺得在哪邊檢查輸入值無所謂，只要有做就好，會這樣想的人可能忘了 OWASP（Open Web Application Security Project，開放式 Web 應用程式安全專案）的安全性建議：永遠不要信任用戶的輸入值，對 API 來說，它也不應該信任客戶端傳來的值，用戶或客戶端可能會傳來各種異常的值，應該總是要對其加以驗證。

我們做 API 測試的目的之一是確保 API 能正確處理各種正常的、異常的輸入值，如果只看 UI 測試就貿然斷定整套系統能正確處理輸入值，顯然是有欠周全的。

API 測試的另一個目的是確保每次部署前都有通過測試，所以應該將 API 測試納入 CI 流程中的一環，如同系統中的其他的自動化測試一樣。

能加速測試的工具

有些組織配置了專門的 QA（quality assurance，品質保證）團隊，他們專門對產品實施自動化測試與人工的探索性測試，有的 QA 人員會自己手刻測試腳本，而有的會用某些工具來協助進行自動化測試，而對於沒有配置 QA 的組織，他們的開發人員只能斜槓一下化身成測試人員，自己寫自己測，但無論是上述何種狀況，都有各自適合的測試工具。

市面上有很多工具能直接讀入 API 規格文件就能幫我們產出 API 測試腳本或案例，我們可以善加利用這類工具來加快測試的腳步，它們有的是開源的，有的則是商業化的工具或服務，在使用方面，有的工具提供了 UI 環境，點幾下就能產出測試案例與腳本，而另一種則提供許多的測試函式庫，讓我們在寫測試腳本時能加以運用，這些測試工具各有自己的特性與需求，我們可以依照自身偏好來選擇。

在效能與運行監測工具方面，通常是以 SaaS 的形式提供的，其商業模式通常是走免費增值（freemium）模式，也有一些開源的工具可以選擇，如果是開源的除了用廠商提供的服務外，多半也可以自行架設。在負載測試方面，測試的原則是讓負載從低到高，先從低負載開始測試，沒有出現效能瓶頸再逐步加大壓力，最終做到最嚴苛的 soak 測試為止。

API 的測試大多以自動化進行，並且多半還要準備專屬的測試環境，額外的測試環境意味著成本的增加，在計算成本時務必考量到測試環境的部分，包括測試環境的機台成本，以及週邊的服務、工具的成本等等。

最後，可以思考如何在測試運用 TDD（test-driven development，測試驅動開發）方法，在有 QA 團隊的組織，開發人員可以用 QA 寫的自動化腳本來檢驗自己的程式，而另外那些得身兼測試的斜槓工程師們也還是可以跑 TDD，只要在開發流程中依照 TDD 的精神先寫測試，再寫功能即可，藉此確保每份提交都有經過測試，並得知哪些是成功的，哪些又是有問題的。

API 測試的挑戰

API 測試會遇到的諸多挑戰之一是測試資料的製備，這也是許多人忽略的部分，可能是因為單元測試不太需要完整的測試資料，以至於在跑其他測試時就輕忽了測試資料的重要性，要認知到的是，在跑完整的 API 測試時往往需要預先準備一系列前後端的測試資料，並且他們之間的邏輯必須要是合理的，這才有可能真的去驗證一套 API 從頭跑到尾的正確性。

對於測試資料的製備，有兩種主要的方式：資料快照、淨室資料（cleanroom data set），第一種方式是以現有資料作快照，此方法較直接，將真實資料複製，移除機敏資訊後就可以投入測試使用。這種方式以現有資料為基礎，可以省下從零建起的許多功夫，而且在每次測試跑完後還可以用快照還原整個測試環境狀態，以便跑下一回的測試。

而第二種淨室資料較複雜也較花時間，不過這種方式對測試案例的編寫能較為全面，所謂的淨室資料，其實就是從零開始專門為測試而建立的資料，市面上也有像 Mockaroo[1] 這樣的工具可以幫我們建立淨室資料，只要餵入一些基本值它就能幫我們產出一大堆衍生的假資料，然而在複雜的測試案例上，我們往往要一路測試許多邏輯上相關聯的流程，這種接力型的測試需要的測試資料，就必須也要有邏輯上的關聯性與正確性，Mockaroo 可能就不是那麼派得上用場。

1　https://mockaroo.com

以 JSON 書屋為例，它從顧客開始，後續的瀏覽、購物行為都是一連串並具有邏輯上的關聯性的，不適合用隨便產出的亂數資料測試，需要有了解這一系列行為的專家來仔細構建測試專用的資料，他們可以將這些資料填在預先規劃好的試算表內，再由一支程式轉入資料庫內，確保每個資料表與紀錄的 ID、外鍵、關聯性都是正確的，讓測試環境的 API 得以提供這些資料，之後測試腳本才可以正確的測試出這一系列瀏覽與購物流程的正確性。

另外一種情況，我們的 API 有可能依賴著某個外部服務，如果那些外部服務又沒有提供沙盒或測試環境，那在測試時我們必須做一套假的外部 API，避免讓測試環境的程式或資料汙染到外部服務的真身，這種假的外部 API 不需要具備與真身相若的完整功能，它只要能依照案例設計回覆應該回覆的資料即可，當然，這也表示我們在設計測試資料時也必須準備它的一份，才能讓整個測試案例照劇本完美演出。

建立 API 測試的必要性

現實的情況往往是當專案的死線逼近，火燒屁股時，最常被跳過的就是測試，在整個開發過程中，文件與測試就像兩個不被重視的小兄弟，有也不錯，沒有也沒差，然而這是非常不正確的，我們應該認真看待他們，在文件與測試尚未完成之時，產品也不應該被認定為已完成，更不應該強殖部署，否則未知的臭蟲與缺陷將連帶拖累我們的 API 用戶與他們的產品，甚至潛在的破口將導致惡意程式的入侵與攻擊，因此必須建立的認知是 API 測試是重要且必要的。

總結

健全的測試策略對一個 API 產品來說是至關重要的，並且是應對潛在攻擊者的最佳防護，在其他方面，測試也可以確保 API 的正確性與可靠性，而這正是一個 API 賴以生存的兩大重要特質。廣義的測試不僅存在於開發階段，測試對運行階段也同樣重要，我們需要對運行中的 API 做持續監控來確保它的安全性與效能，而對於測試的態度，我們應該要等到測試完成且通過才能認定一個 API 產品是完成的，而非有意無意地忽略它。

第十三章

撰寫 API 設計文件

文件是 *API* 的第三個 *UI*，也是最重要的一個。

—D. Keith Casey

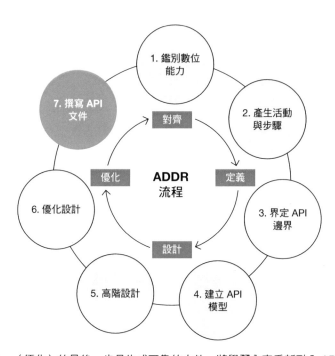

圖 **13.1** Refine（優化）的最後一步是生成可靠的文件，將學習內容重新融入 API 設計。

文件是開發體驗中至關重要的一環，多數人以為只要寫完每個操作端點的技術參考文件就是功德圓滿，但殊不知這僅僅是一個完整的 API 文件的一小步。

文件的撰寫也是整體 API 設計中的一環，文件還可以發展成更具有廣泛意義的開發者網站，任何對 API 有需求的人或是想貢獻的人，都可以藉由開發者網站達成他們的目的。本章概述了 API 文件撰寫的要點，以及提供了建立一個開發者網站的經驗觀點。

API 文件的重要性

對那些搞串接的開發人員來說，API 文件是對他們最重要的 UI，對 API 的供需兩方來說，文件也是彼此最主要的溝通管道，供應方藉由文件傳達 API 設計觀點，而使用方需要文件才能將他們的應用與之整合。

除非有開源，否則他人無法看到一個 API 背後的程式碼，而即便有開源，只提供程式碼就想讓人搞懂你的 API 也是令人難以接受的，真的讀完可能天就亮了，運氣好的可能真的有人會傻傻的讀完，運氣不好的可能直接就跑了，他們寧願去用別人的服務或者自己搭一個，也不要硬啃你的程式碼天書。

此外，文件的組織編排也是很重要的，一個有清楚的入門文件與技術參考文件的 API，能讓開發者明確的知道他所在何處與意欲何去，所以光文件寫得好是不夠的，整體文件的結構、組織、編排也必須好才可以。

> **原則四：API 最重要的 UI 叫做文件**
>
> 文件是 API 的供應方與使用方之間最主要的溝通管道，供應方藉由文件傳達 API 設計觀點，而使用方需要文件才能將他們的應用與之整合，因此它應該被擺在第一順位，而不是拖到最後一刻才開始寫。

API 描述文件的格式

傳統上，技術文件大多是用 PDF、Word、HTML 等等靜態的形式，儘管它們都曾經是一時之選，但在使用性上都有著諸多限制，而當代的文件格式將能提供給讀者更豐富的互動性。

當代的 API 描述文件可記載 API 所有詳細的技術資料，並且還是可機讀的，透過工具可以將文件讀入產生出人讀文件、用戶端範例程式、服務端範例程式等產物。

除此之外，部分的 API 描述格式還具有擴充能力，可在其內自行定義用戶授權、路由、組態規則等特性，讓 APIM（API Management，API 管理工具）能讀入並依照定義自動的進行部署與配置。

不同的 API 風格有不同的描述文件作法，GraphQL 和 gRPC 有他們自己特有的描述文件格式，而走 HTTP 的 REST API 或其他 RPC API 則有幾種通用的描述文件格式可做選擇，在本章中，我們會逐一介紹幾種主要的 API 描述文件格式，讓讀者可藉此了解他們各自的特點，並做出最適合自己的選擇。

本章所有的文件範例都可以在 GitHub[1] 找到。

OpenAPI

OpenAPI 以前叫作 Swagger，它是最被普遍用於記載 API 詳細定義的格式，它目前由 Linux 基金會管理，具體的文件規範制定則由 OAI（OpenAPI Initiative）組織負責，而原本的產品名 Swagger 則由原開發公司 SmartBear 所保有，該公司使用 Swagger 為名持續發展一系列以 OpenAPI 為核心的週邊服務與應用，並且部分還提供開源。

OpenAPI 能廣為流行的原因之一是因為它那功能豐富又友善的工具 SwaggerUI，只要餵入 JSON 或 YAML 格式的 OpenAPI 檔案 SwaggerUI 馬上就能化身成一個完整可用的 API 文件網頁，在 SwaggerUI 內不僅可以看到所有 API 操作的技術規格，還可以直接在頁面內發出測試，而整個過程不需要打一行程式。

OpenAPI 現行的規範版本是 v3，但在市面上還是很普遍的可以看到用 v2 的專案，整個 OpenAPI 的工具生態發展得相當蓬勃，考量到功能性、普遍性、生態性，OpenAPI 可以說是 API 文件的首選。下面的原始碼 13.1 為 OpenAPI v 文件範例，是根據第 7 章「REST API 設計」建立的 Shopping Cart API。

1　https://bit.ly/align-define-design-examples

原始碼 13.1　OpenAPI v3 範例

```
openapi: 3.0.0
info:
  title: Bookstore Shopping Example
  description: The Bookstore Example REST-based API supports the shopping
experience of an online bookstore. The API includes the following
capabilities and operations...
  contact: { }
  version: '1.0'
paths:
  /books:
    get:
      tags:
      - Books
      summary: Returns a paginated list of books
      description: Provides a paginated list of books based on the search
criteria provided...
      operationId: ListBooks
      parameters:
      - name: q
        in: query
        description: A query string to use for filtering books by title and
description. If not provided, all available books will be listed...
        schema:
          type: string
      responses:
        200:
          description: Success
          content:
            application/json:
              schema:
                $ref: '#/components/schemas/ListBooksResponse'
        401:
          description: Request failed. Received when a request is made with
invalid API credentials...
        403:
          description: Request failed. Received when a request is made with
valid API credentials towards an API operation or resource you do not have
access to.
components:
  schemas:
    ListBooksResponse:
      title: ListBooksResponse
      type: object
      properties:
        books:
```

```
      type: array
      items:
        $ref: '#/components/schemas/BookSummary'
      description: "A list of book summaries as a result of a list or
filter request..."
    BookSummary:
      title: BookSummary
      type: object
      properties:
        bookId:
          type: string
          description: An internal identifier, separate from the ISBN, that
identifies the book within the inventory
        isbn:
          type: string
          description: The ISBN of the book
        title:
          type: string
          description: "The book title, e.g., A Practical Approach to API
Design"
        authors:
          type: array
          items:
            $ref: '#/components/schemas/BookAuthor'
          description: ''
      description: "Summarizes a book that is stocked by the book store..."
    BookAuthor:
      title: BookAuthor
      type: object
      properties:
        authorId:
          type: string
          description: An internal identifier that references the author
        fullName:
          type: string
          description: "The full name of the author, e.g., D. Keith Casey"
      description: "Represents a single author for a book. Since a book may
have more than one author, ..."
```

API Blueprint

API Blueprint 是由 Apiary 公司開發的 API 描述格式，該公司後來被甲骨文收購，
API Blueprint 是以 Markdown 為基礎的格式，因此也具備了 Markdown 易寫易讀的

特性,而且在易於人讀之外也兼具了機讀的特性,因此也可從 API Blueprint 文件再生出相關的人讀網頁文件、範例程式等產物。

因為 API Blueprint 是以 Markdown 為基礎的,Markdown 生態下的工具也能為之所用,所有能編輯與顯示 Markdown 文件的應用也都能作為 API Blueprint 編輯器之用,包括各路寫程式的 IDE(integrated development environment,整合開發環境),雖然 API Blueprint 的工具生態不比 OpenAPI,但在 Apiary 的努力推廣下還是有不錯的社群支持度。原始碼 13.2 為 API Blueprint 的範例,看得出來它的文件對人類來說是更好閱讀的,但同時又兼具機讀的特性,因此相當適合 Markdown 的愛好者或追求人讀特性的開發者。

原始碼 *13.2 API Blueprint 範例*

```
FORMAT: 1A
HOST: https://www.example.com

# Bookstore Shopping API Example
The Bookstore Example REST-based API supports the shopping experience
of an online bookstore. The API includes the following capabilities and
operations...

# Group Books

## Books [/books{?q,offset,limit}]

### ListBooks [GET]
Provides a paginated list of books based on the search criteria provided...

+ Parameters
    + q (string, optional)
        A query string to use for filtering books by title and description. If
not provided, all available books will be listed...
    + offset (number, optional) -
        A offset from which the list of books are retrieved, where an offset
of 0 means the first page of results...
        + Default: 0
    + limit (number, optional) -
        Number of records to be included in API call, defaulting to 25
records at a time if not provided...
        + Default: 25

+ Response 200 (application/json)
        Success
    + Attributes (ListBooksResponse)
```

```
+ Response 401
        Request failed. Received when a request is made with invalid API
credentials...
+ Response 403
        Request failed. Received when a request is made with valid API
credentials towards an API operation or resource you do not have access to.

# Data Structures

## ListBooksResponse (object)
A list of book summaries as a result of a list or filter request...

### Properties

+ 'books' (array[BookSummary], optional)

## BookSummary (object)
Summarizes a book that is stocked by the book store...

### Properties

+ 'bookId' (string, optional) - An internal identifier, separate from the
ISBN, that identifies the book within the inventory
+ 'isbn' (string, optional) - The ISBN of the book
+ 'title' (string, optional) - The book title, e.g., A Practical Approach
to API Design
+ 'authors' (array[BookAuthor], optional)

## BookAuthor (object)
Represents a single author for a book. Since a book may have more than one
author, ...

### Properties
+ 'authorId' (string, optional) - An internal identifier that references the
author
+ 'fullName' (string, optional) - The full name of the author, e.g., D. Keith
Casey
```

RAML

RAML 全名是 RESTful API Modeling Language（RESTful API 建模語言），最初由 MuleSoft 開發，之後也轉變成給所有人參與的開源專案，它是以 YAML 為基礎的 API 描述格式，同樣的它也有自己生態系內的程式產生器和人讀文件產生器。

雖然 RAML 最初是來自 MuleSoft，但它的規範與工具是開放的，並非 MuleSoft 一家獨大。RAML 文件中可記載一個 REST API 相關的資源、方法、參數、回應、媒體類型（media type）與在 REST API 常用到 HTTP 特性等規格，但不僅是 REST API，它也適用於記載任何以 HTTP 為基礎的 API 的規格。原始碼 13.3 為 Shopping Cart API 的 RAML 範例。

原始碼 13.3　RAML 範例

```
#%RAML 1.0
title: Bookstore Shopping API Example
version: 1.0
baseUri: https://www.example.com
baseUriParameters:
  defaultHost:
    required: false
    default: www.example.com
    example:
      value: www.example.com
    displayName: defaultHost
    type: string
protocols:
- HTTPS
documentation:
- title: Bookstore Shopping API Example
  content: The Bookstore Example REST-based API supports the shopping
experience of an online bookstore. The API includes the following capabilities
and operations...
types:
  ListBooksResponse:
    displayName: ListBooksResponse
    description: A list of book summaries as a result of a list or filter
request...
    type: object
    properties:
      books:
        required: false
        displayName: books
        type: array
        items:
          type: BookSummary
  BookSummary:
    displayName: BookSummary
    description: Summarizes a book that is stocked by the book store...
    type: object
    properties:
```

```
    bookId:
      required: false
      displayName: bookId
      description: An internal identifier, separate from the ISBN, that
identifies the book within the inventory
      type: string
    isbn:
      required: false
      displayName: isbn
      description: The ISBN of the book
      type: string
    title:
      required: false
      displayName: title
      description: The book title, e.g., A Practical Approach to API Design
      type: string
    authors:
      required: false
      displayName: authors
      type: array
      items:
        type: BookAuthor
  BookAuthor:
    displayName: BookAuthor
    description: Represents a single author for a book. Since a book may have
more than one author, ...
    type: object
    properties:
      authorId:
        required: false
        displayName: authorId
        description: An internal identifier that references the author
        type: string
      fullName:
        required: false
        displayName: fullName
        description: The full name of the author, e.g., D. Keith Casey
        type: string
/books:
  get:
    displayName: ListBooks
    description: Provides a paginated list of books based on the search
criteria provided...
    queryParameters:
      q:
        required: false
```

```
        displayName: q
        description: A query string to use for filtering books by title and
description. If not provided, all available books will be listed...
        type: string
     offset:
       required: false
       default: 0
       example:
         value: 0
       displayName: offset
       description: A offset from which the list of books are retrieved,
where an offset of 0 means the first page of results...
       type: integer
       minimum: 0
       format: int32
     limit:
       required: false
       default: 25
       example:
         value: 25
       displayName: limit
       description: Number of records to be included in API call,
defaulting to 25 records at a time if not provided...
       type: integer
       minimum: 1
       maximum: 100
       format: int32
   headers:
     Authorization:
       required: true
       displayName: Authorization
       description: An OAuth 2.0 access token that authorizes your app
to call this operation...
       type: string
   responses:
     200:
       description: Success
       headers:
         Content-Type:
           default: application/json
           displayName: Content-Type
           type: string
       body:
         application/json:
           displayName: response
           description: Success
```

```
      type: ListBooksResponse
    401:
      description: Request failed. Received when a request is made with
invalid API credentials...
      body: {}
    403:
      description: Request failed. Received when a request is made with
valid API credentials towards an API operation or resource you do not have
access to.
      body: {}
```

JSON Schema

JSON Schema 是用於定義與驗證 JSON 資料的一種文件，它本身也是可機讀的 JSON 檔案，我們在 JSON Schema 內可以寫入各種定義資料型態的規則，這些規則可分為核心的基礎規則和驗證規則，規則制定後的 JSON Schema 文件可被其他工具或程式讀取來做靜態或即時的 JSON 資料驗證，JSON Schema 就好比是 JSON 世界的 XML Schema。

JSON Schema 並非是完整的 API 描述格式，它僅專注於 JSON 資料的定義與驗證，因此它可以與任何一種其他的 API 描述格式混合使用，而某些組織也會單獨用它來定義與驗證內部用到的特定物件格式。

OpenAPI 本身也具備定義資料型態的能力，但 JSON Schema 在這方面有更完整的特性，因此自 OpenAPI v3.1 起就納入可讓 JSON Schema 與 OpenAPI 混合使用的能力，我們也預期隨著 OpenAPI 增加對 JSON Schema 的支援，兩者的生態系發展將會更加蓬勃。原始碼 13.4 為 JSON Schema 的範例。

原始碼 *13.4　JSON Schema 範例*

```json
{
  "$id": "https://example.com/BookSummary.schema.json",
  "$schema": "http://json-schema.org/draft-07/schema#",
  "description": "Summarizes a book that is stocked by the book store...",
  "type": "object",
  "properties": {
    "bookId": {
      "type": "string"
    },
    "isbn": {
```

```
      "type": "string"
    },
    "title": {
      "type": "string"
    },
    "authors": {
      "type": "array",
      "items": {
        "$ref": "#/definitions/BookAuthor"
      }
    }
  },
  "definitions": {
    "BookAuthor": {
      "type": "object",
      "properties": {
        "authorId": {
          "type": "string"
        },
        "fullName": {
          "type": "string"
        }
      }
    }
  }
}
```

以 ALPS 製作 API Profile

ALPS（Application-Level Profile Semantics）是與特定 API 風格和通訊協議無關的 API 描述格式，因為不涉及特定的風格和協議，它更適合作為描述 API 設計的高階文件使用。我們用 ALPS 來記載 API 的數位能力、訊息等資訊，但不包括更詳細或更特定 API 風格的技術資料，由於他的風格中立性，它也可以用來當作 API profile 的文件（詳見第 6 章「建立 API 模型」），但與我們自製的表格式 API profile 不同的是，ALPS 還具備了可機讀的特性。

除了作為 API profile 外，ALPS 還可用於增強 API 和服務的可探知性，以 ALPS 為基礎的 API profile 可置入該服務的 metadata 讓外部得以探知該 API 所提供的數位能力，因為 ALPS 是獨立於 API 風格之外的，因此其內所敘述的 API 可以是 REST、gRPC、GraphQL 等風格的，而 ALPS 文件本身則可以用 XML、JSON、YAML 等格式來撰寫。

ALPS 具有兩種基本元素：資料（即訊息）和轉換（即操作），我們用這兩種元素在 API profile 中語意化的描述 API 的訊息特性與操作特性，這些語意化的標籤以 XML 標籤的形式使用，最終構成一份完整的 ALPS 文件，除 XML 外，也有 JSON 的形式可以使用。

原始碼 13.5 為 ALPS 的 API profile 範例，範例中記載了與具體 API 風格無關的、高階的訊息與操作特性。

原始碼 13.5　以 *ALPS Draft 02* 格式構成的 *API profile*

```
<alps version="1.0">
  <doc format="text">A contact list.</doc>
  <link rel="help" href="http://example.org/help/contacts.html" />
  <!-- a hypermedia control for returning BookSummaries -->
  <descriptor id="collection" type="safe" rt="BookSummary">
    <doc>
      Provides a paginated list of books based on the search criteria
provided.
    </doc>
    <descriptor id="q" type="semantic">
      <doc>A query string to use for filtering books by title and
description.</doc>
    </descriptor>
  </descriptor>

  <!-- BookSummary: one or more of these may be returned -->
  <descriptor id="BookSummary" type="semantic">
    <descriptor id="bookId" type="semantic">
      <doc>An internal identifier, separate from the ISBN, that identifies the
book within the inventory</doc>
    </descriptor>
    <descriptor id="isbn" type="semantic">
      <doc>The ISBN of the book</doc>
    </descriptor>
    <descriptor id="title" type="semantic">
      <doc>The book title, e.g., A Practical Approach to API Design</doc>
    </descriptor>
    <descriptor id="authors" type="semantic" rel="collection">
      <doc>Summarizes a book that is stocked by the book store</doc>
      <descriptor id="authorId" type="semantic">
        <doc>An internal identifier that references the author</doc>
      </descriptor>
      <descriptor id="fullName" type="semantic">
        <doc>The full name of the author, e.g., D. Keith Casey</doc>
      </descriptor>
```

```
    </descriptor>
  </descriptor>
</alps>
```

用 APIs.json 增進 API 的可探知性

前面介紹了各種的 API 描述格式，開發者藉由他們得知一套 API 的用法與參數，而本節的 APIs.json 則用於強化一套 API 產品的可探知性，它就好比是網站的 Sitemap，搜尋引擎可藉由讀取 Sitemap 得知一個網站旗下的頁面，而 APIs.json 同樣是機讀文件，外界程式讀取後可以得知一個 API 產品旗下的 API 清單、說明、文件等資訊。

一份 APIs.json 可以參照到多個 API 與多種 API 描述文件，對於一個整套的 API 家族來說，只要一份 APIs.json 就能讓外界得知該家族旗下所有的 API 清單以及進一步讀取到特定 API 的描述文件，這對 API 的可探知性來說是相當有幫助的。

雖然 APIs.json 理所當然的是以 JSON 撰寫，但它也有 YAML 的變體，如下列原始碼 13.6。

原始碼 13.6　APIs.json 範例，提供旗下所有 API 的清單與其他機讀文件的連結

```
name: Bookstore Example
type: Index
description: The Bookstore API supports the shopping experience of an online
bookstore, along with ...
tags:
  - Application Programming Interface
  - API
created: '2020-12-10'
url: http://example.com/apis.json
specificationVersion: '0.14'
apis:
- name: Bookstore Shopping API
  description: The Bookstore Example REST-based API supports the shopping
experience of an online bookstore
  humanURL: http://example.com
  baseURL: http://api.example.com
  tags:
    - API
    - Application Programming Interface
```

```
  properties:
    - type: Documentation
      url: https://example.com/documentation
    - type: OpenAPI
      url: http://example.com/openapi.json
    - type: JSONSchema
      url: http://example.com/json-schema.json

  contact:
    - FN: APIs.json
      email: info@apisjson.org
      X-twitter: apisjson

specifications:
  - name: OpenAPI
    description: OpenAPI is used as the contract for all of our APIs.
    url: https://openapis.org
  - name: JSON Schema
    description: JSON Schema is used to define all of the underlying objects
used.
    url: https://json-schema.org/

common:
  - type: Signup
    url: https://example.com/signup
  - type: Authentication
    url: http://example.com/authentication
  - type: Login
    url: https://example.com/login
  - type: Blog
    url: http://example.com/blog
  - type: Pricing
    url: http://example.com/pricing
```

在文件添加範例程式

範例程式是 API 文件中給開發者的重要指南，它連接了在串接時從閱讀技術文件到實際使用間的鴻溝，讓開發者得以了解一支 API 的實際用法，並加以延伸運用之。

範例程式可以是各種形式，簡單的只需要幾行來展示 API 的使用方法，複雜的可以到一個模組來展示完整的工作流程。

優先提供入門使用範例

站在開發者的立場思考，他們最先需要的是建立起對 API 的基礎認識，以及了解 API 能如何解決他手上的問題，在這個階段他們最想要的是看到一些有用的、能幫上忙的東西。

要衡量程式的複雜與否，可以用 TTFHW（Time to First Hello World）原則，越快讓開發者秀出 Hello World 意味著越低的複雜度，當然並非真的一定得要是 Hello World，而是完成一個任務的「爽」的感受，反之如果要花越多時間才能讓人「爽」那就意味著越高的複雜度，而越難爽的 API 入門文件也就越令人感到挫折，越挫折就越沒人想用。

想要讓人快速入門，那入門範例是越簡潔越好，最好是能讓人一行程式都不用打，直接拷去用，複製貼上就是爽，比如下面這個 Stripe 的例子：

```
require "stripe"
Stripe.api_key = "your_api_token"
Stripe::Token.create(
  :card => {
    :number => "4242424242424242",
    :exp_month => 6,
    :exp_year => 2024,
    :cvc => "314"
})
```

可以注意到上面的程式只要複製貼上，再貼個 API 密鑰，再擺到沙盒環境內就跑起來了，有夠簡單。

任何要讓人打一堆程式碼的入門範例絕對應該避免，那只會造成超差的 TTFHW，永遠不要把第一次接觸的人嚇到退避三舍，應該給他們盡可能簡單又有爽感的入門範例。

用工作流程範例豐富文件內容

開發者被簡單的入門範例釣上鉤之後，下一步就是用豐富的工作流程範例讓他感受我們的強大。

工作流程範例的重點是要具體而微的展示出 API 的能力，這裡的範例就不會像入門文件那麼陽春，而是更完整的、生產環境等級的範例，範例程式的變數與方法命名都必須是有意義的，必要的時候為程式碼加上註解說明該處的用意，此外為了讓範例程式更好理解，必要時某些值可以寫成硬編碼的（hardcoded），保持簡潔性，避免引入過多模組增加理解的難度。

下面是 Stripe 的 Ruby 輔助套件範例，展示了從信用卡請款的例子：

```ruby
# 記得填入自己的 API 密鑰
Stripe.api_key = "my_api_key"

# 用 Stripe.js 或 Checkout 產生 token

# 從提交的表單內取得付款 token
token = params[:stripeToken]

# 建立顧客：
customer = Stripe::Customer.create(
  :email => "paying.user@example.com",
  :source => token,
)

# 對顧客請款而非對信用卡請款：
charge = Stripe::Charge.create(
  :amount => 1000,
  :currency => "usd",
  :customer => customer.id,
)

# 自理邏輯：將顧客 ID 和其他資訊存進資料庫。

# 自裡邏輯（存完資料後）：再次請款時，從資料庫取得顧客 ID。
charge = Stripe::Charge.create(
  :amount => 1500, # 這次是 1500 美金
  :currency => "usd",
  :customer => customer_id, # 從資料庫取得的
)
```

像上面這樣的一個完整的工作流程的範例，它的複雜度是遠大於前面的入門範例的，也有著更長的 TTFHW，但它仍保持了一定的簡潔性，不涉及過多其他的模組或摻雜其他模組的概念，我們認為最好的範例就是像這樣實際、明確、簡潔的範例，既符合真實的使用情境，又容易讓人理解。

提供錯誤案例與生產環境案例

有些人對串接外部 API 已經相當熟悉，而有些人則需要我們的幫助，無論如何，我們都應該盡力協助他們順利的串上我們的 API，我們應該提供與實際生產環境有關的範例給他們參考，讓他們能更平順的將我們的 API 整合到他們的生產環境中，另一方面，也應該提供一些錯誤的案例，讓他們知道他山之石，可以攻錯。

文件的範例中應該展示錯誤發生時的處理和重試方法，也應該有終端用戶輸入異常值的處理範例，包括如何捕捉錯誤、如何恢復正常流程等的例子，此外，還應該有如何得知自己帳號的流量限制，以及如何處理已達流量上限的範例。

從文件進化成開發者網站

API 文件是個籠統的詞彙，任何形式的文件、網頁、檔案，只要是用於讓人了解API 的，都可以概稱為 API 文件，儘管大部分時候它指涉的是某個具體的文件，但廣義的說它又不只是那份文件，為了解決這樣混亂的問題，在此我們引入開發者網站的概念，開發者網站涵蓋所有與 API 使用上的元素，它包括了精確意義上的 API文件，以及其他給開發者 / 非開發者的所有 API 資源。

利用開發者網站擴大 API 採用率

開發者網站的主要受眾理所當然的是開發人員，但其他的非開發人員也是潛在的受眾，列舉如下：

- **管理人員：**負責在市場上尋找 API、評估 API，對 API 的使用與否有決策權的人士。
- **商業與產品管理人員：**管理負責人，負責在市場上尋找能加速產品交付的 API。
- **產品架構師與技術主管：**負責產品規劃的人士，他們也具有採用 API 的決定權。

對於任何的 API 潛在受眾，開發者網站有責任以各種不同形式的內容與之溝通，說服他們採用我們的 API，作為 API 的門面及宣傳管道，在宣傳面開發者網站確保了API 能為人所知、在功能面開發者網站能讓人了解 API 所帶來的優勢、在技術面開發者網站幫助開發人員進行串接，透過開發者網站讓缺乏宣傳與曝光的 API 能更為外界所知，進而創造更多的用戶與更高的採用率。

案例研究
成功的企業級開發者網站

在某個大型企業 IT 部門的一項 API 專案中，從最初只有幾個人開始逐步發展，經過一年的時間，他們開發出好幾個在商業上有巨大價值的 API 產品，然而此時的他們的文件卻只有很硬的技術參考文件，還沒有一個較完整的開發者網站，使得 API 再厲害也難以為他人所用，之後在筆者的協助下，逐步的將文件從僅有的技術參考文件擴展成一個完整的開發者網站，讓外界得以更好上手。

開發者網站介紹了 API 的架構與功能，還有一個可供把玩的沙盒環境，提供了具體的互動體驗，如果要做在生產環境真刀真槍的串接，他們還有一個簡單的認證制度，取得認證後的開發者就可以著手在生產環境進行串接。

在完成一系列的改造後，再經過管理層人員的推廣，憑藉著他們廣泛的影響力，讓越來越多的部門得以接觸到這套 API，相當程度的擴大了 API 的採用率。現在，開發者網站已成功的為不同面向的人士提供服務，不論是開發者、非開發者都可以在此找到他們需要的資源。

優質開發者網站的構成要素

開發者網站的受眾包括任何潛在的 API 受眾，因此必須具備某些要素才能滿足他們各方面的需求：

- **特性說明：**一份 API 的特性總覽，包括我們的優勢、功能、價格等，讓潛在的用戶能迅速了解我們的特色所在。

- **案例研究：**用實際案例突顯出 API 的優勢，這能讓同產業的人士感受到我們的 API 在他們那一行是如何被運用的，或者同類型應用是如何利用我們的 API 來豐富他們的功能的。

- **入門指南**：有時也被稱為**快速上手指南**，用於簡單的介紹 API 的用途與提供手把手的入門教學。

- **認證與授權說明**：如何取得 API token，以及 API 的授權範圍的說明。

- **API 技術參考文件**：提供每個操作的技術細節，包括 URL 結構、輸出入資料結構、錯誤資料結構等。

- **發布通知與改版紀錄**：記載每個版本的變動紀錄，包括新的 API 操作端點、現有操作的異動等等。

在這些基礎的構成要素之外，開發者網站還要具備以下特點：

- **簡易上手**：一個很難上手的 API 是沒人要用的，因此要盡可能設計的簡易上手，簡易的元素可以是自助註冊，省去人工開通，也可以是新手教學，如果有 API token，也盡可能設計成自助取得，降低所有在開發者網站可能會遇到的障礙，特別是 API token，因為它是串接必備的元素，務必要讓人可以簡單的取得以及提供清楚的使用方式。

- **運行狀態顯示**：當前 API 的狀態如何？用一個簡單的狀態頁讓開發者外部開發者或維運人員知道目前的運行狀態，一旦他們的應用有錯誤發生，才有辦法判斷錯誤的來源是否來自 API。

- **即時支援**：可以以在網頁放上聊天元件，或者用 Slack、WebEx、Microsoft Teams 這類的服務提供即時技術支援，負責對開發者提供支援的部門又稱為開發者關係（developer relations，DevRel），他們可能也負責開發者網站的營運。

有效的 API 文件

要寫出清晰簡潔的文件，就要針對目標受眾的需求而寫，這些受眾包括廣義的 API 潛在用戶，包括真正從事串接 API 的開發人員，以及負責管理及評估 API 的非開發人員，而若要了解他們的需求，可以對他們加以訪談，例如訪談搞串接的開發人員，了解他對文件的需求，以及想要從文件中獲得哪些問題的解答。

盡可能的促進和用戶之間的對話是重要的，在對話之間往往能激盪出那靈光乍現的「啊哈！」時刻，讓我們頓悟出當下客戶對文件的痛點，進而優化我們的文件。

如果難以對用戶進行訪談，可以請其他開發者用虛構的串接案例當作情境幫我們審閱文件，試著根據案例的需求寫一些概念程式或原型應用，在這個過程中去檢視文件的實用性，並藉由下面的問題找出可以改善之處。

問題一：你的 API 如何解決我的問題？

確保文件有說明到 API 能解決哪些問題以及不能解決哪些問題，並且提供使用案例，說明過往他人的問題是如何用我們的 API 解決的，讓讀者能藉由這些資訊來判斷我們的 API 是不是真的是適合他的。

問題二：API 的操作各自負責什麼？

在文件中說清楚 API 的每個操作各自的功能以及適用的情況，只丟一句「取得所有帳戶」是不夠的，應該要增加更多細節說明該操作的過濾參數有哪些、是隱式的（implied）還是顯式的（explicit）等資訊。

提供操作細節之外，還可以提供使用範例，用帶情境的案例說明一支 API 的用法，或者用複雜的情境說明多支 API 它們之間的交互運用方式，而情境的設定可以從過去我們在 ADDR 做的工作故事找靈感。

問題三：我要怎麼開始呢？

如果用戶可以自行申請開通，那務必在文件中說明此點，並突顯自助式服務是多方便又多好用，如果是需要申請審核才能開通的，也務必在文件中說清楚具體的申請條件與程序為何，有了這些資訊才能讓人知道在開始串接前大概要花多少時間在前置作業上。

在 API 文件的網頁中置入導航連結也是很重要的，不是所有的訪客都會乖乖的從首頁進來，因為網頁會被搜尋引擎收錄，訪客可能從搜尋結果點入任何一個頁面，因此務必在每個頁面的上方放置導航連結，讓訪客知道自己所在的位置，並使其能跳到首頁或其他頁面。

最後，不要假設每個人都可以對 API 的使用無師自通，每個人的知識與經驗水平參差不齊，我們應該要照顧到那些需要更多教學資源的人，給他們更詳盡的說明、手把手教學、入門文件等都是能幫助他們上手的方法。

API 文件中技術寫作者的角色

傳統的技術寫作者負責撰寫軟體的使用手冊，他們通常是出版成 PDF 或 HTML，手冊內大多有手把手的軟體使用教學，配上一些操作截圖，他們需要對軟體的每一個細部功能的操作有相當的了解，藉此確保終端用戶能有效的操作軟體，並藉此減少客服的負擔，在某些少數的情況下，技術寫作者還必須對程式語言有深入的了解，例如他得是 C/C++、Java、Python 的專家。

在過去十年間，技術寫作的角色經歷了重大的轉變，有些被 UX（user experience，用戶體驗）人員取代，因為他們能讓 UX 更直覺、更貼近人性，進而減少了文件的必要性，而有些則被行銷或產品經營人員取代，因為軟體的商業型態正在從過往的賣產品變成賣服務，而軟體也逐漸融入每個人的日常生活，廠商也因此改投入更多資源在追求用戶數的成長而降低文件的需求。

直到近來的大 API 時代，技術寫作者的角色又再度被重視，他們必須要了解 API 本身，還要了解該如何用不同的語言調用之，包括 Java、Python、GoLang、Ruby、JavaScript、Objective-C、Swift，甚至包括 CLI 自動化腳本等，他們的受眾包括外部開發者、內部開發者，甚至終端用戶，並且隨著雲端化和自動化的導入，軟體的迭代腳步不斷加快，文件迭代的頻率也從過往的一年一版變成一週甚至一日一版。

在文件的需求增長之下，技術寫作者將可為產品賦予更多的附加價值，對 API 而言，這些價值是難以衡量的，作為技術寫作者，他們站在外界的角度撰寫文件，使文件更貼近受眾的視野與需求，這樣的文件對受眾來說也是更有價值的，而在撰寫的過程中，同樣的用外界的視角去檢視 API 的設計與操作，讓 API 得以更早的接受檢驗，並據此做出改善。

對文件寫作者來說，主要的挑戰來自於每次改版前後繁重的文書作業，他需要建立一個能完善處理這些任務的團隊，對於小型 API 來說，只靠一個人撐起全部的文件或許是有可能的，然而如果放大來看，大組織的大 API 產品必然是難以僅憑一人之力就能維護整套文件的，真的需要一個專職的技術文件團隊才有可能跟得上改版的節奏。

關於技術文件團隊的成員組成，有的人負責新的 API 文件撰寫，而有的人負責既有
文件的維護，這些成員必須參與 API 設計流程中的每一個環節，而且必須要有技術
文件工具選擇的自主權，他們也必須被視為整個開發團隊的一級成員，而非程式都
寫完了才丟給他們趕快把文件生出來。

最後再次提醒，API 文件是給開發者的 UI，它的成功或失敗一切都取決於技術寫作
者對它的經營，無論你的 API 是面向夥伴的、用戶的、或是其他服務的皆然。

開發者網站的 MVP

MVP（minimum viable product，最小可行產品）一般是指產品，不過此處的 MVP 為
minimum viable portal（最小可行網站）的縮寫，兩者的概念是相同的，即將產品分
成若干個階段，其中的第一個階段只交付該產品的核心功能與特性，收集用戶的反饋
後再往下一個階段迭代，而在此我們的產品就是開發者網站，下面我們將以 MVP 為
起點介紹開發者網站的三個階段，在每個階段的迭代中將網站逐步發產成熟。

第一階段：MVP

我們整理了在開發者網站的第一階段所需具備的五個特點於表 13.1，並附上每個項
目的問題以及應納入的資訊，藉由問題的答案來釐清該項目的要點所在。

表 13.1　MVP 特點清單

項目	問題	應納入的資訊
總覽	API 分為哪些種類？	API 的種類（RESTful、SOAP、gRPC、GraphQL 等等）
	API 能拿來幹嘛？	簡短的用途與範例（兩三行即可）
	有什麼特別的存取規定或限制嗎？	URL 說明、流量限制
認證	調用 API 需要密鑰或 token 嗎？要如何取得？	認證方式說明
	token 或密鑰會到期嗎？	期限說明（如果有期限的話）
	到期要怎麼處理？	更新辦法說明
	要如何認證？	提供認證標頭範例

項目	問題	應納入的資訊
工作流程	最典型的 API 工作流程是什麼？	在說明中附上所用之操作的文件連結
範例程式	類似「hello world」的起手式是什麼？最普通的使用案例是什麼？	提供完整的、複製貼上就能跑的範例程式
技術參考文件	每個 API 操作的使用方式是什麼？	提供每個操作的 HTTP 方法（GET、PUT、POST、DELETE）
		提供完整的操作端點 URL
		API 操作端點的參數（路徑與查詢參數），包括操作名稱、種類、說明、參數等
		提供請求範例（包括標頭與主體）
		列出請求範例的每個元素，包括種類、說明、該元素是否必填等
		提供回應範例
		列出回應範例的每個元素，包括種類、說明
		列出錯誤碼與狀態碼清單，包括代碼、訊息、意義

在上述內容準備齊全後，我們的 API 開發者網站就可以開張了，對早期用戶來說，它提供了足夠的技術資訊讓他們得以串接我們的 API，而對未來的潛在用戶來說，它也提供了足夠的特性資訊讓他們得以評估我們的 API 是否合用，然而想給出上列表格的全部答案，這很大程度取決於產品的大小，可能一週也可能將近一個月，有必要的話得分配優先次序，我們建議從常見的使用案例開始，逐步往外擴增，豐富我們的網站內容。

第二階段：持續優化

網站優化的時機點取決於 API 的改版，在 API 的改版前，我們會把主要戰力投注在既有內容的改版，讓網站的內容跟上 API 的變化，例如引入新的某某操作、舊的某某行為變動等等，而如果是承平時期，那就會把心力投注在擴充網站本身的內容上，依照可用時間的不同，參考表 13.2 來進行相對的優化。

表 13.2　開發者網站的優化形式

優化形式	應納入的資訊
緊迫（只有一兩天時間）	加入記錄 API 修改資訊的修改清單
	統一詞彙，確定所有文件中的詞彙都是一致的
	改正範例確保他們都是符合實際使用狀況的
	為網站加入聊天工具或討論論壇
	添加一個用戶可投稿的頁面，記載哪些用戶在哪些應用用了我們的 API，或者哪些網誌有提到我們的 API 這類的資訊（如陽光基金會列出了需要協助的專案以及已經接受協助的專案）
	建立產品路線圖
寬裕（有三天以上）	站在用戶的視角再次檢視所有的內容
	修改內容，使用用戶較有可能會用的關鍵字、詞彙
	檢查參照連結、未完成的內容、模糊的資訊並修正之
	檢視文件章節結構並優化之
	加入為非開發人員準備的、商業方面的內容，他們雖非開發人員但可能握有 API 的採用決策權
	遷移到新的發布工具
	將陽春的範例程式拓展成完整的教學內容
	建立參考應用，可以放在 GitHub 供人參考，讓開發者能快速上手

第三階段：聚焦於成長

前兩個階段主要都在滿足一個完整的開發者網站的自我需求，而第三階段則是專注在提供更多面向用戶的內容，透過這些內容豐富網站並帶動 API 的採用率：

- **加入案例研究**：透過案例研究展現出 API 的價值所在，讓所有人知道我們的 API 是如何為他們解決問題的、如何為他們拓展商機的、如何讓他們的產品更成功的，這些真實的案例為我們的 API 文件增添了深度與意義，讓讀者能切實的感受到 API 帶來的效益，並且將他人的經驗類比到自身的需求上，甚至可以激發用戶的靈感。如果覺得「案例研究」太老派，那也可以改以「成功案例」或「客戶案例」稱之。

- **加入入門指南**：對 API 熟門熟路的人當然可以自己摸索把玩 API，但其他人可就沒這麼輕鬆，對此我們可以用入門指南讓他們得以簡單上手、建立自信，藉由入門內容給他們些許啟發，讓他們更有興致深入閱讀我們的文件。

- **使用流量分析**：藉由實際的流量分析，網站管理者能知道訪客的來源、目的、軌跡，並據此將網站的內容或架構做進一步優化。

- **採用一頁式架構**：可以考慮將部分內容彙整成單頁，單頁的好處是訪客可以直接用導航錨點在章節間跳來跳去，也可以直接用瀏覽器的 Ctrl/Cmd + F 搜尋全文內容。

- **翻譯成其他語言**：隨著 API 越來越受歡迎，可以考慮將文件翻譯成其他語言協助各種語系的讀者能更好的使用我們的 API，然而專業的翻譯很貴也很花時間，因此要翻譯前務必有足夠的理由說服管理層，確保翻譯是有價值的，特別是當你們發現國外用戶比國內多時，雖然這並不常見。

最後還可以看一下其他家的 API 文件，看看它們成功的優勢所在，如果發現對我們自己或用戶、夥伴有利的好點子，不妨起而效之。

建立開發者網站的工具與框架

工具或框架能協助我們建立網站，但工具的選擇也是建立開發者網站的挑戰之一，下面列舉一些常用於建立開發者網站的工具：

- **SSG（static site generator，靜態網站產生器）**：例如可用來搭建 GitHub Pages 站台的 Jekyll 或 Hugo，他們都是很常用來搭建開發者網站的工具，網站的頁面可以用 Markdown 或其他類似的格式撰寫，並納入版控系統，提交並合併進主幹後，就可透過自動化機制將內容發布到網站上。

- **SwaggerUI**：SwaggerUI 是用於顯示 OpenAPI 描述文件的工具，在 OpenAPI 還被稱為 Swagger API 的時代，它就是預設的前端套件，它可以載入 Swagger API、OpenAPI v2 或 v3 的文件並將其以網頁的形式顯示，讓我們可以方便的查閱 API 的技術規格與進行互動。

- **MVP 範本：**筆者曾經和別人合作過一個以 Jekyll 為基礎的 MVP 範本專案，它以 SSG 和 SwaggerUI 為基礎，只要將範本的內容區塊抽換成真正的內容就可以快速變出一個具體而微的開發者網站，有興趣的讀者可以在 https://github.com/launchany/mvp-template 找到它、fork 並修改之。

不論讀者對工具的選擇為何，務必確保在開發者網站有提供可機讀的 API 描述文件，例如最普遍的 OpenAPI，讓開發者可以在他們自己的開發工具中載入它，滿足他們自己的需要，例如產出自己的串接模板程式等等。

最後，記得去搜尋一下能幫助自己建置或管理開發者網站的工具，不論是開源的或商業的，在第 15 章我們會談到 APIM（API management，API 管理系統），他們也具有管理開發者網站的能力，詳見該章內容。

總結

一個成功的 API 產品，好的文件是不可欠缺的一環，文件與其他資源共同構成開發者網站，藉由開發者網站，我們可以提供不同的資源給不同的受眾，在文件的規劃方面，必須確保文件與 API 有著共同的設計流程與發布週期，否則它將成為沒人要孤兒，拖到 API 發布前的最後一刻才隨便交差，而做出來的當然也是不會有人想看的爛文件。

在文件與開發者網站的更新方面，應該要把他們納入產品更新的一環，令其隨 API 本身更新，或者我們應該說在文件還沒更新前，產品的更新就是未完工的，一個完整的 API 產品除了程式以外，文件也是其中的重要元素，也唯有完整的文件才有可能讓更多的開發者或其他潛在用戶採用我們的 API。

第十四章

API 的改版規劃

你必須非常謹慎的設計 API，API 意味著永存，一旦 API 發布，你或許能將它改版，但你永遠無法將它徹下，總是還有用戶依賴著它，將 API 設計保持穩健和簡約，讓它成為穩固的地基，使我們可以在它之上增建更多豐富的功能，或者其他的合作夥伴也能在它之上增建自己的架構。

—Werner Vogels

想正確的管理改版不是件容易的事，然而這又是 API 無法避免的功課，對傳統的非分佈式應用來說，改版雖然也是難的但還算是可管理的，有各種重構工具、自動化測試、覆蓋率工具可以協助他們應對來自改版的挑戰。

但 API 不比他們，API 在改版上會遇到更多挑戰，因為你的 API 有著下游的串接應用，在某些情況下，我們可能可以直接聯繫到下游的開發者，讓他們知道我們的改版，並配合修改之，但這僅是少數，大多數情況下，一套公開的 API 是難以直接聯繫到每一位下游開發者的，因此我們在 API 設計之時就要將改版的可能性納入設計的考量內，在本章中，我們將會討論到如何衡量改版帶來的衝擊，以及 API 設計在改版上的策略，讓我們得以盡可能的降低因改版而帶來的負面衝擊。

改版對 API 帶來的衝擊

不論是小新創或大公司，本書介紹的 ADDR（Align-Define-Design-Refine，對齊 - 定義 - 設計 - 優化）流程對他們都是適用的，透過 ADDR 的進行，潛藏的目標和活動也隨之浮現，用戶、夥伴、員工也都因此享有 ADDR 對產品帶來的好處，不論這是你的第一支或第一百支 API，ADDR 都是你的好朋友。

257

前面章節我們用了一個虛構的書店作為範例，並且假設了一個從零開始的情境，透過 ADDR 流程逐步的建構出它的 API，然而真實的情境往往是某個組織早就有了一些 API，而新的或改版的 API 設計也必須以既有的 API 為基礎，這樣的情況就需要在 API 的設計上有著更周全的考慮。

對於既有 API，ADDR 的流程勢必得配合做出某些調整才有可能與之完美契合，在本章中我們將會討論到對既有 API 改版時所會面臨的情況，以及面對此情況我們又該採取哪些額外的考量。

分析新舊版 API 差異

我們應該對 API 的設計進行評估，早期的 API 的某些設計特性或考量可能已經不適用於今日，藉由設計評估以現今的設計流程與過往的設計作比較，決定哪些特性是必須被保留下來的，而那些特性又應該是要被取代的，又或者是兩者皆非的其他替代方案。

分析 API 設計的差異時須考慮到下列問題：

- 資源或屬性的詞彙或涵義是否有所差異
- API 設計的中心思維是「資料」還是「資源」
- API 的長遠走向是否已有所改變

從上面這些問題出發，比較既有 API 設計與走 ADDR 流程的 API 設計的差異，衡量新 API 設計能為用戶提供的價值以及改版將會帶來的衝擊，在此我們可以用衣服的尺度（小、中、大）來衡量價值與衝擊的程度，並據此來決定什麼才是對用戶最好的。

決定對 API 用戶較好的選項

在思考 API 的設計時，如果因為改版而會帶來相容性破壞，那麼受衝擊的對象將不僅是我們自身，還包括下游的串接用戶，因此我們得站在他們的角度思考，怎樣做才是對他們最好的。

可以用下列的問題來衡量改版對現有和未來的 API 用戶會帶來的衝擊：

- **誰是 API 用戶？** 如果 API 是完全內用的，那改版的衝擊範圍顯然會小得多，如果有合作夥伴，那他們可能會吵會鬧會抗議，而如果是公開給第三方串接的 API，那就無法保證他們都會乖乖的配合改版，因為他們可能沒人、沒錢，或者任何其他原因無法陪我們玩改版的遊戲。

- **與 API 用戶間的關係為何？** 如果是認識的、說得上話的，那多半會更好溝通，反之會更有挑戰，而如果他們又是會大聲嚷嚷的，那他們還會到處在市場上抱怨改版越改越爛之類的言論，而這很有可能為潛在的用戶帶來負面的效應。

- **改版能為用戶帶來什麼價值？** 改版改得好才能獲得正面的評價，例如在新版的 API 提供用戶敲碗許久的功能，即使他們得付出改版的成本，但也會是心甘情願的，反之，越改越爛的 API 只會讓他們想跳槽。

一個組織重視什麼可以從它如何規劃改版的安排看出來，如果它超級重視讓產品趨於自認的完美，而不甩那些可能的相容性破壞，那它的用戶很快就會跑光光，反之如果它更重視既有用戶的感受，它可能會在市場上越來越強。

改版策略

站在當代的 API 設計觀點來看，沿用原有的 API 設計特性相當於是一種妥協，這些妥協也意味著保留某些令人感到惱人的特性，例如不符合 ADDR 原則的資源名稱，因此該資源名稱難以表達其背後的意義等等諸如此類的妥協。

又例如訊息格式改版，讓新舊格式並存也是一種妥協，這也是一種相當常見的妥協。收到訊息時，先認定為新的格式並處理之，如果錯誤再回退到舊格式的處理機制，如此一來客戶端就不用煩心訊息格式改版的問題，一切都由服務端處理到好，這種妥協是相對有價值的，它為客戶端保留了餘裕，讓他們能更平順的過渡到新版 API。

另外一個也是妥協的例子，是讓新舊兩種操作並存，新的操作依照新的設計，而舊的操作就讓它保留原狀，並鼓勵客戶端改用新操作，某段時間過後，當大多數的客戶端都遷移到新版操作之後，再把舊版退場。

然而某些妥協可能又太過了，例如早期的 API 設計的太低階，直接暴露了資料表，而當代的 API 設計多以目標導向，改以大粒度的高階設計，不直接暴露底層的資料表或細粒度的資料紀錄，如此高低階設計並存的 API 可能會讓開發者認知失調，因此這種太過的妥協是不太建議的。

對於新舊版 API 的過渡機制，我們首先必須決定到底是要將既有的 API 重構翻新，還是另外提供一支全新的 API，或是為既有的 API 提供一個新的版本，這其中的每一個選擇都會為我們及用戶帶大小不一的衝擊，必須加以考量。

如果現有的 API 對用戶來說是不夠好的，那可能會傾向用新版本或是搞一支全新的取代它，但考慮到要讓用戶能無縫接軌，前期必然得花兩倍的資源來維護新舊兩支 API，對於 API 的版次策略，後續我們會再深入討論。

建立在信任基礎上的改版

必須要有的認知是，ADDR 流程有助於讓商業與 API 團隊建立起共識，這些共識包括對 API 設計面的共識、對商業目標的共識，以及對長遠願景的共識，而面對既有的 API，他們可能並未走過 ADDR，透過本章的內容，讓這些既有的 API 也能以某種程度的和 ADDR 進行融合，如此可確保不論是新舊 API 都能享受到 ADDR 帶來的好處，並且既滿足了用戶的需求，又不會因為改版而失去我們 API 供應方與使用方之間的信任。

> **原則五：API 是永存的，設計時仔細規劃**
>
> 經過深度思考的 API 設計應該是漸進式設計的，這讓 API 能夠靈活的應對變化，改版的規劃也必須細心，避免讓下游的開發者因為跟不上改版而感到沮喪。

API 版次策略

API 的使用方式、訊息格式、行為就相當於一種在 API 供應方與使用方之間的 contract（規約），最理想的情況下，contract 是越穩定越好，然而實際上往往難免必須對其做出修改，但即便是修改，也要盡可能的做出不破壞相容性的修改，否則那些 API 使用方將不得不也跟著改版他們的程式，而有些情況下他們真的無法配合我們做出相對的修改，因此如果真的要做出破壞相容性的改版，那就要規劃好版次政策，它讓新舊版得以並存，並讓我們有機會鼓勵下游應用逐步遷移到新版 API。

常見的非破壞性改版

非破壞性改版通常表示是在原有基礎不變的情況下為 API 增加特性，雖然也偶有例外，這類的變更包括：

- 增加新的 API 操作，而既有的客戶端可以沿用原本的操作，不需要馬上切換到新操作，也因此不會有任何損失。

- 在請求的訊息格式中加入一個非必填的欄位，因為是非必填，因此既有的客戶端也不受影響。

- 在請求的訊息格式中加入一個必填但有預設值的欄位，就算客戶端沒有附上該欄，服務端也能自行以預設值帶入，因此也不影響原有的客戶端運作。

- 在回應訊息中加一個新欄位，而既有的客戶端可以無視此欄位也不會影響到原有的功能，但要注意的是在客戶端常可以看到一種反模式，他們會使用某種欄位對應模組，該模組的欄位定義一旦與實際收到的不同，那就會噴出錯誤，若讀者的環境中存在此種反模式，務必留意。

- 在一個枚舉（enumeration）物件中加一個新的值，既有的客戶端如果有正確的處理枚舉物件，新的枚舉值應該也不會影響他們的正常運作，頂多不顯示而已，但這得取決於客戶端對枚舉物件的處理邏輯，所以這類的改動必須較為小心。

破壞相容性的改版

因為改版而導致既有的客戶端必須配合修改，否則將無法使用，如下列：

- 資源路徑變更，或資源屬性更名，客戶端必須配合修改才能繼續抓到正確的資源或屬性

- 對請求或回覆訊息的某個欄位更名或者刪除

- 直接粗暴的砍掉某個 API 操作端點，讓客戶端想用也沒辦法用

- 將原本只用於表示單個值的欄位改為一對多的欄位（例如原本只拿來放單純的 email 位址，而後改成參照到另外多個 email 資源的欄位）

- 改變一個 API 操作的 HTTP 方法或回應碼。

切記，一旦 API 發布到生產環境，並且有客戶端與之串接，那這 API 的設計、特性就可說是永存的，這也是為何 ADDR 如此重要的原因，它讓我們在發布之前做好所有應該有的設計工作，避免事後大修大改的問題，而版次的存在，則賦予了 API 進化的可能性，讓 API 能與時俱進，終成霸業。

API 的版次與修訂版次

常常在論壇、文章看到有人在爭執著 API 的版號問題，爭執的焦點不外乎 API 的版號該如何表達出穩定的小改版或激進的大改版，穩定意味著對舊版的妥協，而激進意味著對相容性的破壞，想要完美的表達這兩種形式的改版，那得先要建立起版次（version）和修訂版次（revision）的概念。

對於版次，我們可以將不同的版次理解為不同的產品，它們的特性與行為可能略有差異，並且在不同的版次之間也不保證彼此的相容性，對用戶端來說，他們在選定 API 的某一版次後，可能會因為任何原因促使他們遷移到新版的 API，然而也可能因為某些原因讓某個客戶端永遠也不會遷移到新版的 API，儘管我們可以用某些手段鼓勵他們遷移到新版，但最終還是得取決於他們的意願。對於版次的編號，可以是數字或字串（如 v1 或 2017-01-14），對於了解語意化版本（SemVer）的讀者，此處所謂的版次就相當於語意化版本的主版號。圖 14.1 展示了某個 API 的兩個版次的示意圖，每個版本相當於獨立的產品，客戶端必須擇一使用。

而修訂版次用於表達 API 內部的改進，且修訂版的變動並不會對客戶端產生任何影響，只要客戶端使用的主版次不變，該主版次之下的修訂版對客戶端來說應該是透明的，因為修訂版不影響客戶端的使用，對 API 供應方來說，它也可以自由決定要不要對外公佈修訂版的變更項目，對 API 供應方來說，內部的版號可能已經走到 v1.2，但對客戶端來說，它只需要知道交手的對象是 v1（參見圖 14.2），就算客戶端知道有新的修訂版，但他們也僅止於被告知，而不會有採取什麼行動的能力與動機。對應到語意化版本的概念中，修訂版就相當於語意化版本的次版號。

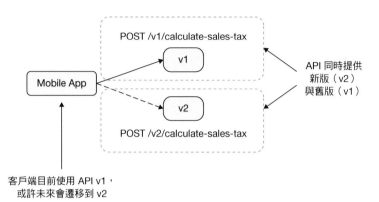

圖 14.1　API 同時提供兩個版本讓客戶端使用，新版（v2）給新的客戶端用，而前一版（v1）保留讓既有的客戶端繼續使用，直到他們遷移到 v2。

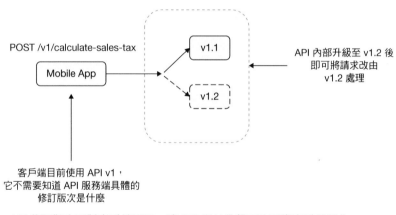

圖 14.2　API 修訂版次不對客戶端暴露，讓 API 得以升級而不影響客戶端運作。

API 的版次區別方法

當多個版次並存時，有三種常用的版次區別方法：在標頭區分、在 URI 區分、在主機名區分。

在標頭區分即在客戶端對服務端發出的請求的標頭的 `Accept` 註明要使用的版次（例如 `Accept: application/vnd.github.v3+json`），許多人認為這是一種較好的方式，就算有版次異動，它還是保持了呼叫的 URI 不變，並且在上述的例子中，除了指定版次外，還可以指定要回覆的媒體類型（media type）。

在 URI 區分則是將版次納入成為 URI 的一部分，通常是擺在前綴或後綴，例如擺在前綴的 URI 可能長這樣 /v1/customer，在 URI 表示版次的方式也是最最最常見到的方式，特別是某些工具他們不支援前一種以標頭區分的方式，此法就是他們的首選，而這種方式的問題當然就是版次號會影響到 URI，特別是有些人認為 API 在往前進化時不應該去改變資源的 URI。

最後一種用主機名區分和 URI 區分類似，只是改以在主機名稱上表示版次（例如 https://v2.api.myapp.com/customers），通常只有前面兩種方式都因為某些技術因素而難以使用時才會用這種方式。

不論最後選擇的是上述何種方式，我們都只應該以主要的版次作為區別的標示，修訂版次、次版號等都不應該出現在其中，否則你的客戶端將得以非常高的頻率去改他的程式碼，而這相當於破壞了與前版的相容性，就算某個 API 內部的小改版原本是相容於前一版的，但卻硬要客戶從原本的 /v1.1/customers 改用 /v1.2/customers，而客戶端當然也不可能願意被這樣玩弄的。

API 改版的商業面考量

只要有新版 API 發布，客戶端就得決定要不要陪我們玩下去，這中間的思考當然是投資報酬率的問題，凡事都是將本求利，一旦頭洗下去，誰敢保證一定能賺錢呢？

對客戶端來說，API 改版會是一個力量因子（forcing factor），負面的效應過大將會促使客戶端加速離開我們，如果我們執意追求自認的完美，不顧相容性而激進的推出新版，那原有的客戶端多半也會很激進的離開我們，特別是他們在衡量利弊得失後，發現實在沒有本錢陪我們玩改版的遊戲時。

另外要考量到的是，在新的 API 版本發布之後，舊的版本往往也要繼續維護一段時間，直到客戶端都遷移到新版為止，儘管在少數情況下的確是有些組織講話夠大聲，可以用令人無法拒絕的條件讓客戶端遷移到新版，但這絕非常態，因此必須要有的準備是在可預見的未來，也要繼續維護那些舊版的 API。

最後要提醒的是，每個 API 的版本都相當於一個新產品，會有自己的基礎設施、支援人力、開發成本來維持一個版本的運作，當我們想要修正過去某些不周全的設計時，務必將以上的成本支出納入考量，權衡利弊得失後再做出決定。

API 的退場

對下游的開發者來說，沒有什麼比一夜之間突然關閉的 API 更恐怖的了，他們將被迫浪費一整個禮拜來緊急找出下一個替代品，好讓他們的應用能繼續運作，而原有 API 供需兩方之間的信任關係也將徹底瓦解，為了避免此等憾事發生在我們身上，最好還是思考一下 API 的退場機制，包括該如何向下游開發者交待的部分。

每當要退場一支 API 或是一整套 API 產品時，相當於我們與用戶之間的信任度大考驗，完善的退場規劃帶動信任度的上揚，差勁的退場規劃重挫信任度到住套房，完善的退場規劃來自清晰的退場政策與計畫，讓 API 用戶能及早接受到相關的通知，並做出遷移的準備，使他們能無縫接軌到新的 API 上。

制定退場政策

我們應該在組織內制定一份清楚的退場政策與退場流程，並且將其文件化，納入成為整個 API 標準文件的一部分，這些政策應該包括下列內容：

- 詳細的退場先決條件

- 退場機制的啟動步驟

- 制定一套 API 或一個操作在過渡期的最短保留時間

- 給客戶端的遷移指南，甚至可以是遷移到其他家 API 的指南

- 在 API 的服務條款寫下明確的退場政策

一個準備好完善的退場政策的組織，不僅讓自己在退場流程上有可依循的標準，也更能贏得用戶的信任。

退場的公告

退場資訊的良好溝通是與 API 用戶建立信任的基礎，溝通的形式各異，但至少有這幾種：

- 說明退場的操作或退場的產品的信件

- 在網站上放置頂橫幅公告

- 在 API 文件中在即將退場的文件給出警示

- 在網站的登陸頁或網誌文章中公告退場的說明並提供 FAQ

- 在社交媒體發文連回前面的網誌文章

公告發布的方式應該盡可能用全方位的管道發送，注意不要只想發一封信交代了事，信件可能因為換人、換工作或任何原因而無法收到，最好還是善用各種管道發布，確保公告的佈達效果。

如果是採用 OpenAPI 的 API，可以在 API 描述文件內對某個端點以 `deprecated: true` 屬性聲明該端點即將被退場，而 OpenAPI 的工具應該也能正確的識別該屬性，在工具內或產出的 HTML 文件中註明退場的訊息。如果是 GraphQL 或 gRPC 的 API，那他們也有類似的方式在 schema 或 IDL（interface definition language，介面描述語言）文件內聲明退場屬性。

還可以使用 Sunset Header RFC[1] 在程式面發出退場通知，還要在 API 文件中納入如何使用 Sunset Header 的手把手指南，協助客戶端實現在程式面對該標頭的處理方法。

最後，如果有提供輔助套件，還可以用輔助套件在 log 或終端機發出 Sunset Header 的警告訊息，讓下游的開發者能在他們的 log 管理工具或儀表板看到相關的通知進而處理之。

建立 API 穩定性聲明

延續本章最開始的引言之意，直到有人開始使用，我們才會說這 API 設計是完成了的，如果在沒有用戶以前都無法稱其為完成，那又該如何達成 API 的永存性？所謂的 API 的永存性來自可進化的 API 設計，具體實踐包括傾聽用戶反饋、持續尋求建議，以及建立 API 穩定性聲明讓下游開發者得以預期 API 的走向等。

傾聽是 ADDR 流程被設計出來的目的之一，透過 ADDR 流程，促使了我們盡早將他人的參與納入成為 API 設計的一環，並藉此確保 API 的設計是符合用戶需求的，我輩 API 設計職人也應該傾聽、學習來自他人的反饋並對 API 的設計作出調整，一旦

1　E. Wilde, "The Sunset HTTP Header," February 3, 2016, https://tools.ietf.org/html/draft-wilde-sunset-header-01.

沒有把握住此原則,那 API 將淪為只為了滿足你我需求的玩具,而不會是真正能滿足用戶需求的工具。

而所謂的傾聽他人的回饋,並不僅限於設計的早期階段,也包括 API 發布之後的階段,去了解 API 在真實世界的應用場景,看看是否有超乎我們想像的情境,也可以發起與用戶的訪談,了解目前的設計與文件是否還有需要改善的地方,所謂的溝通必須是持續的功課,而不僅是 API 設計流程中的一個步驟。

最後我們用 API 穩定性聲明來與用戶建立可預期的關係,在聲明中制定不同的支援和生命週期等級,讓用戶知道我們的每一支 API 或每一套 API 的走向都是明確的、可預期的。等級的劃分可以參考以下:

- **實驗性的（experimental）**:用於徵求反饋的實驗性發布,實驗性的 API 不會有任何支援,還可能會不斷設變,甚至可能會直接砍掉重練。

- **預發布的（prerelease）**:API 正式發布前的預覽版,用於徵求反饋,未來也會提供支援,然而它的行為與特性可能尚未定案,還是有被大幅修改的可能性。

- **有支援的（supported）**:處於正式生產環境且有提供支援的 API,該 API 不會有任何預期外的相容性破壞變更。

- **退場的（deprecated）**:該 API 仍然處於支援狀態,但不久後即將棄用。

- **棄用的（retired）**:不再提供的、不支援的 API。

藉由公開透明的分級資訊,API 供應方將能夠在不影響既有 API 穩定性的情況下,有秩序的推出新的 API 或實驗性的 API,讓新 API 在進入正式支援前就能為外界試用,並藉此獲得反饋與修正的機會。

總結

API 設計的改版是無可避免的,但在改版的同時,還要確保對用戶的穩定性,一個好的改版規劃能增進我們與用戶之間的信任感,藉由完善的改版政策以及完善的退場步驟,能在舊版 API 退場的同時還能保有穩定的 API contract,並藉此讓改版帶來的負面衝擊降到最低。

第十五章

API 防護

> 組織必須具備全盤式的 *API* 安全規劃，否則就是對後續的威脅敞開大門。
>
> —D. Keith Casey

API 設計的範疇不僅只有 HTTP 方法、路徑、資源、媒體類型這些部分，如何保護 API 使其能防禦惡意的攻擊也是 API 設計的一環，一旦輕忽此點，API 就相當於一扇敞開的大門，成為攻擊我們或用戶的入口。而 API 防護策略又涉及到正確元件、API 閘道的選用、身份與存取管理工具的整合等議題。

本章中闡述了與 API 防護策略相關的基本原則、一般性實踐指導、反模式等議題，也提供了額外的資源讓有興趣的讀者能進一步研究。

潛在的危害

有些人可能想說 API 只要有基本的安全機制就好，例如密碼或密鑰，甚至密碼密鑰都省掉，這無疑是危險的，會引來一些專門來亂的人，這些人專找這種防護薄弱的 API 來打，打進去之後就幹起一些挖資料或偷權限的勾當。

例如下面這幾則最近的 API 漏洞案例，我們可以看看他們主要的弱點所在以及發生後的影響：

- 利用未防護的 API 取得用戶資料的存取權，導致有高達一千五百萬的 Telegram 帳戶的個資在未被發覺的情況下被竊。

- 利用密碼重設 API 取得重設 token，藉此跳過 email 重設密碼程序，直接拿 token 改掉密碼取得帳號的所有權，導致機密的個人與健康資料外洩。

- 用從別處取得的大量用戶認證資料去試美國國稅局網站，導致大量的稅務資料被下載。

- 用逆向工程找到某些文件上沒有的 API，這些 API 原本是給某個 app 自己內部私用的，因為缺乏防護讓壞人能輕易的利用他們竊取資料，許多的 API 都有類似的問題，像是 Snapchat，他們以為只要不寫在文件上就很安全，殊不知其實是很大的弱點。

- 在 Tinder 的案例裡，他們的某個私有 API 透露了用戶當前具體的地理位置，因為他們在安全審查時認為無所謂，反正 app 會負責模糊化處理，而忽略了 API 可能會被他人盜用的問題。

這些案例中，有些漏洞影響較小，只流出營業資料，有些漏洞則較為嚴重，流出的是廣大用戶的個資，甚至包括用戶的位置，這可能危害到個人身家安全，不可不慎。

然而不幸的是，仍然有部分的 API 團隊輕忽了內部 API 安全的重要性，或許他們以為只要不寫在文件上就不會有人發現，這不僅是相當幼稚的想法，而且還會讓 API 暴露在本可避免的風險之中。

API 防護機制

無論 API 是對外公開使用的或是只對內服務的，API 的防護都是重要的議題，透過一系列的安全機制才能構築出完整的 API 安全策略：

- **身份認證（authn）**：用於確認用戶的身份，最常見的就是帳號、密碼，但在 API 就不建議用帳密來認證，比較建議改用 OpenID Connect 或類似的解決方案來處理認證需求，API 的請求只有在認證通過之後才會被接受。

- **存取授權（authz）**：根據呼叫者的身份以及它所擁有的權力範圍，管制其對 API 操作的能力，防止未經授權的存取，主流的存取授權機制有 API 密鑰、API token、OAuth 2 等方式。

- **聲明式存取控制**：比前一種更為細粒度的存取控制機制，用於確保 API 的資源實體的防護性。

- **流量管控（節流機制）**：限制 API 的請求上限，避免被瞬間湧入的流量灌爆的機制，也被用於防範 DoS（denial-of-service，阻斷服務）攻擊。流量管控的對象一般是針對 IP 位址、API token，或兩者之混合，到達上限後即停止為該對象服務，直到一段時間過後才解除限制。

- **用量管控**：限制應用或設備在某個區間內使用 API 的次數，一般是以月為區間，而用量則會視該用戶的訂閱方案或雙方的合約而定。

- **連線劫持防範**：使用 CORS（cross-origin resource sharing，跨域資源共享）機制來管控客戶端對 API 的取用，也用於防範 CSRF（cross-site request forgery，跨站請求偽造）攻擊，壞人常用該手法來劫持已認證的連線階段。

- **加密**：使用動態和靜態加密防止資料外洩，但要特別注意密鑰的安全性，否則壞人還是可以輕易的拿到密鑰去解密資料。

- **mTLS（mutual TLS，雙向 TLS）**：mTLS 通信可以用在服務對客戶端、服務對服務、webhook 的 HTTP 回呼通信上，藉此保證雙方身份與訊息的正確性，以防止惡意方試圖用偽造的身份與 API 溝通。

- **協議過濾與保護**：這種安全機制可以過濾掉那些來自客戶端但可能是惡意的請求，它可以用多種方式來監測惡意的請求，包括檢查 HTTP 方法、路徑等，還可以強迫使用 TLS（Transport Layer Security，傳輸層加密協議）來加密 HTTP 流量。

- **訊息驗證**：對訊息做內容或格式查驗，避免不應該有的資料流入對缺陷進行攻擊，例如 XML 解析器缺陷、SQL 注入、JavaScript 注入等，這類攻擊手法往往是利用缺陷注入攻擊命令來獲取資料。

- **爬蟲與殭屍防護**：偵測來自 API、網路詐騙、垃圾信的爬蟲入侵，以及來自惡意殭屍網路的 DDoS（distributed denial-of-service，分佈式阻斷服務）攻擊，這類攻擊手段都較為複雜，也需要更厲害的偵測機制才能治他們。

- **審查與掃描**：進行人工或自動的 API 安全漏洞審閱和測試，對象可以是程式碼（靜態審查）或網路流量特徵（即時審查）

上述的安全機制並非是獨立的，它們彼此之間可以互相搭配運作，成為整體 API 防護策略的一部分。

API 防護元件

有許多用於防護 API 的元件，將它們整合在一起就能建構出堅實的安全策略基礎。

API 閘道

API 閘道可以指涉一種架構模式（architectural pattern），也可以指系統中的某個具體的中介層（middleware），從架構模式的角度，它是一個架設在 API 服務之前的網路躍點（network hop），所有客戶端的請求必須通過該躍點才能抵達後端的 API 真身。

從中介層的角度，API 閘道中介層負責作為 API 對外的化身，它也像守門員負責把關所有進出的資料，對於進來的請求，它可以根據需求直接轉送給後端的服務，或者先將訊息轉換成後端服務可接受的協議再轉送。

API 閘道中介層可能是一個獨立的產品，也可能是 APIM（API Management，API 管理工具）裡面的一個工具，當然也可以自己搭建，有些現成的閘道系統是模組化的設計，除了基本的反向代理（reverse proxy）外，還可以自行選擇想要的外掛（plug-in），而獨立式的 API 閘道通常功能較為專一，如果想要比較完整的 API 工具集，可以考慮 APIM（API management，API 管理工具）。

APIM

APIM（API management，API 管理工具）除了有 API 閘道外，還有一系列的工具，總體整合成一個完整的「API 生命週期管理解決方案」，包括有 API 的發布、監控、防護、分析、營銷（monetizing）等方面的工具，也還可能有技術社群讓產業人士可以參與討論。

在營銷方面，APIM 可以設定不同的訂閱方案供用戶選擇，每個訂閱方案可以納入不同的 API 組合，也可以設定不同的流量和用量管控規則。

APIM 還可以提供額外的安全機制，這是絕大多數獨立的 API 閘道產品所不具備的，因此 APIM 和 WAF（Web application firewall，Web App 防火牆）的功能在某種程度上是有所重疊的。

服務網格

服務網格（service mesh）將系統的可靠性、觀測性、安全性、路由、錯誤處理等負擔從原本的程序轉移到基礎設施上，服務網格獨立於程式語言和框架之外，也因此它是可遷移的。由於微服務的興起，服務網格也連帶的普及化，但服務網格並不僅限於微服務，它也適用於其他架構，或者多種架構的混合。

原本的程序對程序的直接通訊在服務網格的架構裡被代理服務所取代，程序必須透過代理服務才可與另一支程序溝通，錯誤訊息的收發也是透過代理服務，代理服務是分散式的部署在每一支程序旁，不存在一個中央總控式的代理服務，如此可避免因為中央節點的破壞導致整體服務失效，這些代理服務實際上會是以 VM（virtual machine，虛擬機）或容器的形式存在，在程序與代理服務之外還有一個中央控制節點，它負責調配代理服務、監控服務網格的節點運作以及網路的狀態，儘管它是中央總控的節點，但它並不經手資料的通訊，因此並不影響整體服務的可靠性。

服務網格的架構圖可以參考圖 15.1。

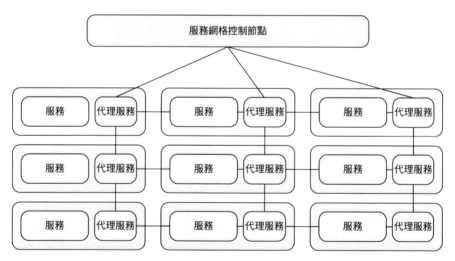

圖 15.1　服務網格的架構示意圖，裡面的每個元件包含一個代理服務和該元件的服務，彼此互相串連，並透過中央控制節點調配與監控。

服務網格看似是 API 閘道或 APIM 的替代品，實則不然，服務網格負責的是 OSI 模型的第四層（TCP/IP）與第七層（HTTP）的管理，它通常還是會搭配 API 閘道或 APIM 一起使用，服務網格為系統提供了網路層的可復原性（resiliency）、可觀測性

（observability）等特性，而 APIM 或 API 閘道提供的則是 API 產品管理與生命週期管理的特性。

由於服務網格在架構中增添了額外的節點，可能導致網路效能略為下降，然而如果站在更高的角度全盤思考，這一點網路效能影響著實微不足道，除了上面說到的特性外，服務網格還能為我們減少管理系統節點的負擔，相較之下還是利大於弊的。

最後話再說回來，服務網格這麼棒但它對小型組織而言可能過於複雜，它比較適合大型組織，他們才可能有夠多的人、夠多的服務、又上了夠多的雲，這樣來玩服務網格才比較能享受到服務網格帶來的管理優勢。

WAF

WAF（Web application firewall，Web app 防火牆）用於保護 API 抵抗來自網路的威脅，例如常見的腳本注入攻擊，與 API 閘道不同的是，它負責的是 OSI 模型中的第三、四層的網路活動監控，能深入到封包層級的檢查，而 API 閘道主要是負責 HTTP 協議之上的安全管制，因此 WAF 能檢測到更多維度的攻擊信號並阻擋那些流量通過傷害到後端的 API。

WAF 還提供額外的 DDoS 防護機能，讓來自多個 IP 位址發動的流量攻擊能被阻敵於境外。

要提醒的是，WAF 的防護機能也可能在其他的服務也有，例如 APIM 或 CDN 大多也有提供 WAF 服務，因此不一定需要裝設一個完全獨立的 WAF 服務。

CDN

CDN（content delivery network，內容傳遞網路）擁有散佈在世界多個地理位置的內容節點，由節點負責將資料快取，並就近發送給當地的客戶端，對服務端來說，CDN 快取的資料無須再次向 API 重複請求，能降低 API 的負擔，對客戶端來說，CDN 快取的資料能就近直接回應給客戶端，也能優化客戶端的傳輸效能，可謂雙贏。

部分的 CDN 也具備了 WAF 的功能，他們的反向代理節點同時兼具動靜態內容快取和流量防禦的功能，這些 CDN 服務因為節點夠多，能更好的分散流量，因此也具有更強大的 DDoS 防禦機能，防止流量灌到我們家裡面來。

智慧型 API 防護

儘管前面介紹了那麼多招式，但有些自動化攻擊還是擋不掉，我們將這些自動化攻擊稱為**殭屍網路攻擊**，這類的攻擊來自數不清的機台或 IP，單靠前面的招式相當難以預防，因為那些安全機制都是用單一來源端點來判斷攻擊流量的，難以阻擋這種超多點發起的攻擊。

此外，資料爬取也是風險之所在，惡意的爬蟲有可能來一次就資料一把撈，API 的流量、用量管制如果設的太寬鬆，可能也無法阻擋這類的攻擊，換言之，既有的 API 閘道、APIM、WAF 可能都無用武之地。

因此，具備多來源流量分析能力的進階偵測工具就顯得有必要了，前述之幾種服務的供應商也有提供這樣的進階功能，或者也有可能是以獨立產品或服務的形式提供，這類的產品或服務超越了傳統的 WAF，他們不僅能針對單一的 IP 去設定規則，還能針對更複雜的多 IP 流量做更豐富的偵測行為。

API 閘道拓撲

每套 API 都需要形成某種拓撲（topology）來滿足特定的市場、法規、商業需求，拓撲內可能含有一或多個 API 閘道或 APIM，並且架構上還要滿足功能面或非功能面上的管理及一定程度的靈活性需求。

在本節中，我們會概述幾種常見的拓撲模型，以及他們之間的選用考量，但是請留意下文提到的應用場景可能不適合某些組織，如果有需要的話，可以試著使用自己的拓撲模型，但在採用前務必以商業及營運的角度去驗證該模型是否符合貴組織的需求。

API 管理主機的選擇

對於 API 閘道或 APIM 的機台運作模式，有三種主要的選擇：託管式、本地式、混合式，每一種都有各自的優缺點，詳見後敘。

託管式的 APIM 都是以 SaaS（software-as-a-service，軟體即服務）的形式提供，部分的廠商在請求量超過一定水位後就會建議改用自架的版本，而也有廠商是以不同的訂閱費率和 SLA（service-level agreement，服務等級協定）來提供不同等級的服務，費率越高能承受的請求量自然是越大，託管式對小型組織或剛起步的 API 較為適合，然而隨著產品的發展，費用也會越來越高，屆時大部分的組織通常會改用本地式的 APIM 來降低費用。託管式的 APIM 概念圖可參見圖 15.2。

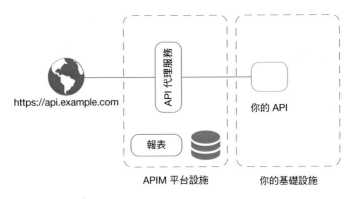

https://api.example.com

API 代理服務

你的 API

報表

APIM 平台設施　　　你的基礎設施

圖 15.2　託管式的 APIM 示意圖

本地式即我方人馬在自己的資料中心或雲端裝設 APIM，這種模式相對的需要維運團隊花更多的成本去維持它的運作，但同時也具有更高的可訂製性，此外，因為是自架，想要架幾台都可以，每台可以供不同的目的或對象使用，例如可以開一台專門給法規稽核用，也可以開一台給專門的商業夥伴或用戶用，另外對於內用的 API 產品，理所當然的也比較會選擇這種本地式的。本地式的 APIM 概念圖可參見圖 15.3。

第三種為混合式的 APIM，在混合式的架構下 APIM 的儀表板和報表放在供應商的系統內，而主要的 API 閘道則可以裝設在我們的本地基礎設施內，這種混合式是市場上最少見的，它的優點是我們不用去負擔那些分析和報表系統的維運，特別適合沒有配置該領域人力的團隊。混合式的 APIM 概念圖可參見圖 15.4。

有些雲平台也有提供 API 閘道或 APIM 服務，這在初期還滿好用的，但如果想對其客製，就會發現代價頗高昂，而如果貴公司的產品建置在多雲平台，那更應該考慮用第三方的 APIM 服務或產品，而不要選雲平台內的，總而言之，選用的準則應該是根據當前 API 的規模和需求來挑選最適合自己的。

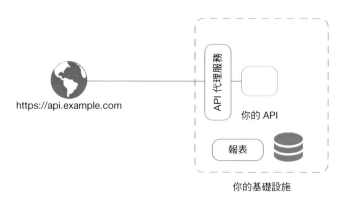

圖 15.3　本地式的 APIM 示意圖

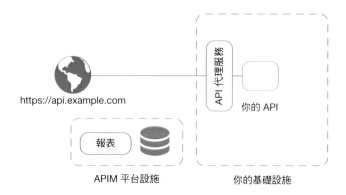

圖 15.4　混合式的 APIM 示意圖

零售商在多雲環境下的 APIM 案例

走多雲已經不是什麼新鮮事，但對零售商而言，在考慮多雲環境時，難以避免的必須顧慮到 AWS 和自己在零售產業上的競爭關係，例如沃爾瑪就是這樣的例子，它希望不要用 AWS，它對將資料放在競爭對手上有很大的疑慮，但或許真正的原因更簡單：沃爾瑪純粹不爽用 AWS，這相當於花錢資助它最大的競爭對手，因此那些沃爾瑪的供應商在沃爾瑪的要求之下，也只好被迫去光顧別的雲平台，例如 Azure。

對於那些還在用 AWS 的供應商來說，這帶來了一定程度的衝擊，特別是他們對 APIM 的選用上，必然得考慮使用獨立的 APIM 服務，才能在一個閘道的基礎上為他們的多雲平台提供服務，避免多雲又多閘道的複雜情況發生。

在選用 APIM 時，除了技術上的需求，也要考慮到像這則案例中的商業需求，確保不會因此而貽誤商機，此外若是多雲環境，還要額外考慮到不要被單一雲平台綁住的問題。

API 網路流量來源的考量

在規劃 API 安全策略時，務必將流量來源納入考量，相較於內網，來自外網的流量是更需要被考慮的，這關係到我們該如何管制流量來源與安全性的議題，不同的來源可能需要用不同的手段應對。

為了更好的理解 API 流量防護的議題，最好先認識網路拓撲的相關概念，若對本節內容有疑問可以去諮詢專業的網路工程師，請其協助建立安全又高效的網路拓撲。

回到本節主題，我們常會用南北流向（north-south traffic）和東西流向（east-west traffic）來描述流量的來源和目的，請先建立以下觀念，以資料中心為中心，北方流向表示離開資料中心的流量，南方流向表示進入資料中心的流量，而東西流向指的是資料中心內部的流量。

以最普遍的請求、回應式的 API 為例，所有來自外部客戶端的請求都屬於南方流向，而 API 給出的回應就屬於北方流向，其他內部的 API 到資料庫、服務對服務的流量，則都屬於東西流向。

儘管前面我們用東西南北來為流量的目的與來源作了分類，但若再導入 ZTA（zero trust architecture，零信任架構）的概念，那麼無論是東西南北都一律以不受信任的流向看待，不會因為某個請求是來自隔壁的服務就假定是安全的、受信任的，此外，不論是公網、私網、VPN 也都一視同仁，一律視為不受信任的，沒有任何優惠待遇，在這樣的基礎下，任何要與 API 互動之對象，都必須先建立信任連線才給予存取，在 ZTA 觀念下強調的是建立架構完善的存取策略，將存取策略套用到每個 API、服務、應用之上，透過身份管理、存取管理、認證管理、授權管理等措施來實現可受控的存取策略，關於 ZTA 的詳細介紹可以參閱 NIST 的文件[1]。

拓撲模式一：API 閘道直連 API

最常見的模式就是 API 閘道將進來的請求直接轉送給後方的 API 後端服務，並且該 API 後端自成一個服務叢集，有自己的負載平衡，叢集內也有多個 API 服務實體，在這種模式下不需要服務網格，本模式的示意圖參見圖 15.5。

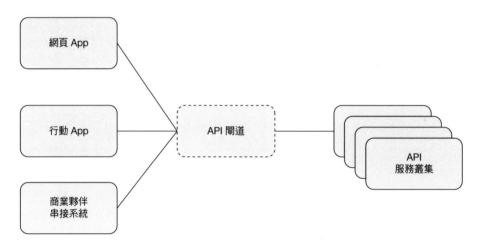

圖 15.5　API 拓撲模式一，API 閘道將流量導到後方的單體節點上。

拓撲模式二：API 閘道導給不同的服務

此種模式有數個不同的後端服務，API 閘道根據請求的路徑來判斷該由哪個服務來處理，並將請求轉送之，該模式下的後端服務還可以配置各自的負載平衡，或者後端服務也可以是服務網格下納管的服務，而 API 閘道也可以利用服務網格的通訊機

1　Scott Rose, Oliver Borchert, Stu Mitchell, and Sean Connelly, Zero Trust Architecture (National Institute of Standards and Technology (NIST) Special Publication 800-207, August 2020), https://nvlpubs.nist.gov/nistpubs/SpecialPublications/NIST.SP.800-207.pdf.

制來與某個服務做互動，圖 15.6 展示了 API 閘道將請求轉送至不同的後端服務的示意圖。

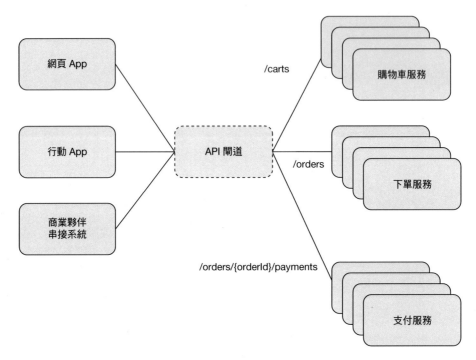

圖 **15.6**　API 拓撲模式二，API 閘道根據請求的路降將流量導到後方多個服務。

拓撲模式三：多重 API 閘道

如果組織有常態性的稽核需求，或者需要分開處理不同的用戶、夥伴的請求，又或者需要分開處理不同種客戶端的請求，那就有可能需要建置多個 API 閘道，每個 API 閘道為不同目的所用，API 閘道的後端可以是多元的、可以是模式一的單體服務，也可以是模式二的多服務；而 API 閘道本身也可以是多元的，可以專為單一用戶服務，也可以如同 SaaS 般為多個用戶服務，此模式下的單一閘道故障並不會影響其他閘道的正常運作，有助於在尖峰負載時的可用性表現，本模式的示意圖參見圖 15.7。

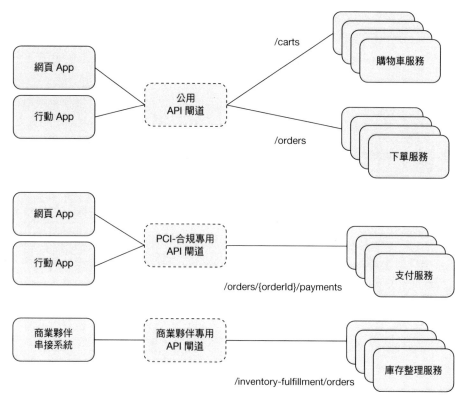

圖 15.7 API 拓撲模式三，有多個 API 閘道服務多個內外客戶端，其中有一個專門用於付款服務，該閘道支援了額外的合規與稽核需求。

IAM

截至目前為止，一個典型的 API 宇宙裡面有客戶端、服務端、還有後來加進來的閘道，當然除了這幾個主要的角色，還有其他零零碎碎的元件、中介層（middleware）等小配角，他們共同構築了一個能防禦惡意攻擊的架構，而在此我們要介紹另一個維護安全性的要角 IAM（identity and access management，身份與存取管理），IAM 負責系統的認證與授權服務，藉由共同的產業標準，它也能串接其他第三方的認證或授權服務，此外，它也負責產生 API token，讓客戶端可以無須密碼就可以代表用戶執行特定動作，對於 IAM，我們可將其視為把所有防護元件連繫在一起的黏合劑。

密碼與 API 密鑰

部分的 API 允許終端用戶在客戶端用帳密登入，儘管簡單直覺，但其實有下面的風險：

- 密碼是相對脆弱的安全措施，它還需要經常更換，而 API 也必須要等到用戶更換密碼後才能繼續為他服務。
- 若要將自身的權限分享給第三方，需要將密碼交給他們。
- 帳密不支援多因素認證。

為了彌補密碼的不足，通常會用 API 密鑰或 token 來取代，這兩者感覺好像很類似但其實相當不同。

API 密鑰只是密碼的替代品，它沒有過期的概念，而它通常是一組滿長的字串（例如 l5vza8ua896maxhm），可能會放在用戶的帳號頁或設定頁之類的地方，任何人只要拿到密鑰，他就能存取該帳號主人的所有資料，因為它不會過期，一旦發現外洩就要重設，重設需要用戶自行登入系統處理，並且系統還得有重設密鑰的功能，總體而言，密鑰只是另一種不太好記的密碼，兩者無太大區別。

API Token

相較於 API 密鑰，token 是相對安全的，它僅在單個連線階段中代表終端用戶與 API 互動，與密鑰類似，它也是由字母、數字構成的亂數字串，但它們的角色與功能大不相同，token 代表的是終端用戶，token 的具體權限由用戶授予，客戶端再根據 token 所有的權限來與相對應之 API 操作互動，而 token 也可以被設定一個過期時間，其權限僅在該時間內有效。

Token 的有效期隨不同的認證或授權方案而異，有的方案建議用超短的幾秒，有的則允許長至數天。除了 API token 外，有些還設計了額外的 refresh token，在 refresh token 有效的期限內，當 API token 過期時客戶端可以拿 refresh token 來換一組新的 API token。

Token 身上所擁有的那些權限，在認證與授權的術語內稱為 *scope*，一個終端用戶可以有很多個具有不同 scope 的 token，例如用戶可以給某個 token 的 scope 只擁有對某種資源的讀取能力，也可以給另一個 token 的 scope 完整的讀寫能力，還可以把某個 scope 只能存取某種資源的 token 委派給第三方應用，讓該應用代表用戶存取該資源。圖 15.8 為 token 運作的示意圖。

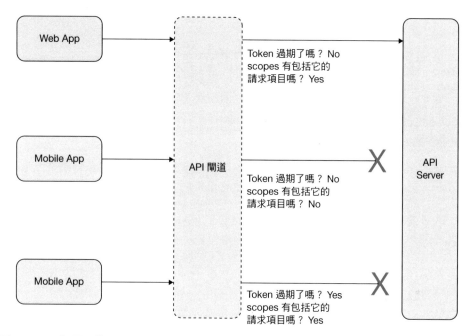

圖 **15.8**　三個不同的 API token 發出請求給 API，其中只有一個是可用的。

要將 token 傳給 API 有多種管道，可以把它當作查詢參數放在請求的 URL 裡，也可以放在 POST 裡，或是放在請求的 HTTP 標頭裡，這幾種方式中，最不建議的就是放在 URL，因為一旦如此，中間的網站主機、代理器、第三方 JavaScript 套件都可以輕易的讀到它，相較之下，放在 POST 內較安全，但其中 token 具體擺的欄位就沒有既定的標準，會因為 API 的設計而異。

縱觀上述的三種方式中，最推薦的還是走標準的 HTTP Authorization 標頭，而且 HTTP 標頭還可以享受到 CORS 的安全保護，確保客戶端收到的回應是來自真的 API，此外，標頭也是相對不容易被中間人讀取的。

以參照傳遞 Token vs. 以值傳遞 Token

以參照傳遞的 token 本身不表示任何內容或狀態，僅是一個不重複的字串讓服務端得以識別來者何人，如下例：

```
GET https://api.example.com/projects HTTP/1.1
Accept: application/json
Authorization: Bearer a717d415b4f1
```

收到 token 後，由 API 服務端負責判斷 token 的有效性，並找出它所代表的用戶和具有的 scope 是否如預期。

以值傳遞的 token 本身就帶有一些鍵值對，API 收到後不用自己去資料庫翻找 token 背後的主人及資料，可以直接取用 token 內附的資料，稍微減輕了 API 的負擔。

在以值傳遞 token 的場景中，客戶端也讀得到 token 內的鍵值對，因此不建議在 token 內放入任何的機敏資料，除了必要的資料外，盡量讓所有的資料去識別化。

以值傳遞的 Token 種類中，最主流的產業標準是 JWT（JSON Web Tokens），一般會唸作「jot」，它由三個部分構成：標頭（header）、酬載（payload）、簽章（signature），每個部分以 Base64 編碼、以點（.）分隔，JWT 的簽章與派發由服務端負責，客戶端收到 JWT 後即可將 JWT 附加在請求的 HTTP 標頭內來證明請求的真實性，而服務端收到請求後也要再次校驗簽章，確認 JWT 的真實性，避免竄改或偽造的請求。關於更多的 JWT 資訊可以在 JWT.io[2] 網站找到。

本節介紹的兩種 token 設計中，以值傳遞的 JWT 較常用在東西流向中，而以參照傳遞的 token 比較常用在南北流向中。

OAuth 2.0 與 OpenID Connect

關於用戶的認證、token 的產生、token 對第三方應用的分派等等一系列工作是超級複雜的流程，這牽涉到終端用戶、客戶端、API、認證授權方之間的多邊互動，幸好這個複雜的流程已經有現成的產業標準可以遵循，OAuth 2 就是一套主流的認證與授權框架，讓我們無須自己重新造輪子，只要使用 OAuth 2 標準就能與現有的多數系統進行認證與授權的事務，OAuth 2 並非單一的標準，而是覆蓋了多種應用

2　https://jwt.io

型態的「框架」，它提供一系列的 flow（流程）和 grant type（授權類型）可適用於各種不同的應用型態，有 Web app 適用的 flow，也有桌面端適用的 flow，還有行動 app、穿戴裝置適用的各種 flow，每種型態有各自的特性與限制，除應用型態外，認證與授權型態也是多元的，有第一方認證、第三方認證等等，OAuth 2 也納入前述的 token 與 scope 的概念，讓授權的同時可以聲明授權的範圍。

在實際應用方面，OAuth 2 最常拿來串第三方登入，也就是常見的 Google 登入、Twitter 登入、Facebook 登入等，客戶端或 API 本身並不實際擁有用戶資料，而是透過引導用戶到那些大網站（例如 Google）登入後再授權給我們使用他的資料，授權成功後再將用戶導回客戶端，此時就算登入成功，這個過程對用戶來說只有幾秒鐘，但背後其實客戶端、API、授權服務端彼此進行了複雜的 OAuth 2 流程，確認了用戶的身份與授權，圖 15.9 展示了極簡化後的 OAuth 2 第三方登入流程。

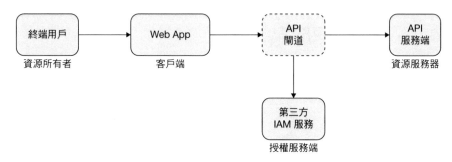

圖 15.9　OAuth 2.0 第三方登入的基本示意圖

OAuth 2.0 是個複雜又龐大的框架，想要了解透徹需要相當的時間和精神，它與其他的安全機制本身都足以寫成一本專門的書，如果對 OAuth 2.0 有興趣想深入了解的讀者，可以在 Aaron Parecki 經營的 OAuth 社群[3] 找到更多 OAuth 的資訊。

前面介紹了 OAuth 2.0 的授權流程，而本節的另外一個主題 OpenID Connect 則是以 OAuth 2.0 為基礎的身份認證機制，它也是目前主要的身份認證標準，利用類似 REST API 的互動方式讓 app 能認證用戶身份並取得用戶資料，如果不打算用 OpenID Connect，也可以自己重新發明專屬的認證機制，關於 OpenID Connect 的規格細節以及相容的服務清單，可以在 OpenID Connect[4] 網站找到。

3　https://oauth.net/2

4　https://openid.net/connect

對於企業級的市場，他們的需求是能用 SSO（single sign-on，單點登入機制）登入各大內外系統，我們的 API 可以藉由 SAML（Security Assertion Markup Language，安全主張標記式語言）標準來達成對 SSO 的支援，讓企業端的用戶能更輕鬆的用上我們的服務，如果想了解更多 SAML 的資訊，可以訪問 OASIS SAML[5] 網站。

自行建置 API 閘道前的考量

有些人可能會腦洞大開的想說 API 閘道自己做就好了，或者說用某些輔助套件實現自己的認證和授權機制，這種想法看似可行，特別是在規劃 API 的初期會覺得這樣好像很合理，但其實沒必要也完全不鼓勵，下面是之所以不可行的三個原因：

理由一：百密一疏的安全性

想開個洞讓壞人更好鑽進來嗎？那就自幹閘道吧，先去問問那些搞過資料外洩的大公司，他們這麼多高手，這麼肯砸錢都搞砸了，這告訴我們安全總是百密一疏的，自己來只會更糟。

安全性來自對每個細節的關注，除非你們真的有個安全高手高手高高手，否則自幹一套 API 閘道會比 API 本身還要花更多時間，就算真的給你們做完，後續的維護也還是要持續投入，才能防止被新的漏洞攻破。

理由二：事倍功半的努力

想自己搞 API 閘道的執念往往來自不切實際的想像，什麼「這應該花不了多久」、「只做重要的部分就好，應該還好，自幹還能跑得比較快」之類的言論，最後再補一句「這哪有多難？！」。

等到真的做下去才發現，要搞一個 API 閘道，既要經得起現實的考驗，又要維護它，真的沒有想像中那麼簡單，這也是為什麼大部分人寧願向外面乖乖花錢買心安的原因，搞 API 閘道不是把功能做好就沒事，後面一堆串接客戶端和代理服務的各種稀奇古怪的問題只會陰魂不散的出現，別忘了還有那些複雜的 OAuth 2.0、

5　https://www.oasis-open.org/committees/tc_home.php?wg_abbrev=security

OpenID Connect、SAML 等等等一堆的標準等著我們去做，做完了後面還有更多的測試和維護工作也都傳便便在等著我們。

自己做真的要想清楚，先考慮一下自己做花出去的時間真的值得嗎，所謂的時間可不只是做的時間，還有後面維護的時間，閘道要更新、要強化才能有效防禦新的攻擊手法，許多前車之鑑告訴我們，他們就是沒想清楚最後拖累到整個產品線，最後什麼也沒有，粉紅色夢幻泡泡破滅以後只有一場空。

理由三：並非一蹴可及的成果

在我們這個產業，軟體開發有三層境界：做得到、做得對、做得快，大部分人都能到達第一層「做得到」，他們會用一些實驗性小程式來確認可行性、觀察初步的結果，讓程式能動起來。

但從「做得到」邁向「做的對」才是真工夫，從玩具到工具，這之間花費的心力是相當大的，在正式環境的工具要考慮更多原本忽略的邊緣案例，「做得對」要付出更多時間，而「做得快」那就得投資更多了，回到主題 API 閘道上，自己做要如何達成這三個境界？而就算達成了，相較於拿市面上現有的，自己做真的值得嗎？

那用現成套件如何？

可能也有人想說那直接把 API 閘道包進專案內好像也不錯，搞不好有現成的套件可以搞定 API token 和安全問題，的確當下或許可以這麼做，但長遠來看，誰要來維護它們呢？

此外，就算真的有這些佛心套件，它們的開發者真的是懂安全的人嗎？它們能滿足我們的需求嗎？它們會被持續的維護嗎？未來有新的漏洞、臭蟲怎麼辦？它們會配合語言或框架進版嗎？以上的問題，除非是真的佛心，或是套件是來自某個商業軟體，否則不太可能面面俱到，只要任何一個問題存在都會成為未來的風險。

綜合以上，我們建議使用第三方的 IAM 解決方案才是王道，由他們來提供認證與授權機制，自己重新造輪子的風險太高，未妥善維護的程式很容易就變成暴露在惡意攻擊之下的弱點。

總結

設計 API 時也要考慮到該如何保護它免受攻擊之害,一個裸奔的 API 只會招來無盡的攻擊,損失我們和用戶的財產,而完善的 API 防護策略包括選用正確的元件、正確的閘道、正確的認證與存取管理三大課題。

不要小看 API 防護的議題,不要把它當作一盤小菜,好好的挑選適合的廠商,讓它協助我們建構堅固的大門,而不是讓 API 輕狂的裸奔。

第十六章

繼續在 API 設計的航道上

> 如果規劃得當，好的治理制度可以提供明確方向、消除障礙，並使各部門得以獨立運作。

> —Matt McLarty

如果貴組織有超過兩個以上的 API 產品，就有必要了解該如何橫向擴展 API 設計流程了，否則兩套 API 產品將難以避免的各行其是，各有各的認證授權方式，命名慣例，錯誤回應也都長得不一樣，總歸一句，就是糟和亂。

在本章中，我們會談到擴展 API 設計時須考慮的因素，包括建立一致的風格指南、納入設計檢討機制、鼓勵重用文化等，在這些因素成立之下，組織內的多套 API 及他們背後的團隊將能享有一致的風格與規範，並且能保有功能上的獨特性，此外，本章也會回顧本書各大主題，並提供繼續邁向 API 這條偉大航道的行路指南。

建立 API 風格指南

每套 API 產品都是從小規模開始的，隨著時間的過去，一間公司手上的 API 只會越來越多，此時 API 之間是否能提供一致的開發體驗對開發者來說就相當重要了，有了通用的設計流程才能讓客戶端串接得更有效率，也能降低我們的除錯和支援成本。

一份好的設計指南不僅包括一些設計面的決策，還包括全產品通用的錯誤處理策略、有哪些共同的設計模式等內容，甚至應該納入架構風格的建議，讓一個新的 API 團隊讀了能快速上手。

一份典型的 API 風格指南通常會涵蓋下列主題：

- **介紹**：介紹本指南的涵蓋範圍，如果有問題或建議要找誰洽詢等內容。

- **API 基本知識**：讓新手能了解 API 的基本特性，也可以附上其他訓練教材的連結，讓他們自行閱讀。

- **標準**：API 統一的標準、慣例、約定的介紹，包括命名、HTTP 方法和回應碼、資源路徑、資源生命週期、酬載（payload）和內容格式、hypermedia 的使用方式與時機等方面的資訊。

- **設計模式**：介紹 API 的設計模式，包括分頁、錯誤回應、批次處理、singleton 資源等方面。

- **生命週期管理**：API 從誕生到投入生產環境以及退場、棄用的建議流程。

- **工具與技術**：列出推薦採用的 API 工具，如果有買全公司授權的也要標示出來，讓讀者更好識別並利用之。

- **維運建議**：維運相關的 APIM、配置、流程、行銷等各方面的建議，也包括如何做出高可用性、強健、彈性等特性的 API 實踐指導。

- **延伸閱讀**：提供額外的資源讓有興趣的讀者自行跟進了解，例如公司內外的論文、文章、影片等都是不錯的學習資源。

有一種常見的誤解，某些人把 API 風格指南當作一種檢查表，每支 API 都要一一確認有符合哪項、沒符合哪點，但這並非風格指南應扮演的角色，它的角色是為組織的每個 API 團隊提供一致性的設計建議，任何一個新加入的成員應該都能在閱讀風格指南後任職於任何一個 API 團隊，而不該是每換個位子就要重新學一次該部門的那些體制外的設計元素或概念。

鼓勵依循風格指南的手段

如果沒有一些方法來讓它人貫徹其意志，風格指南寫得再好也是枉然，下面是讓風格指南能被貫徹的三種方法：

1. **激勵法**：組織一個核心教義小組，新 API 在部署前須經他們審閱和指導，同時鼓勵但不強迫新的 API 團隊主動遵循指南的行動綱領，當他們遵守就開放去碰那些系統上通用的元件（例如 APIM、維運設施、基礎設施等）。

2. **雙管齊下法：**一樣有個核心教義小組負責維護風格指南，但每個事業部或區域還有配置各自的教練下凡來解決或反映他們的問題，這種方式避免了核心教義小組活在自己的象牙塔裡、不知民間疾苦的問題。

3. **先複製再客製法：**先有一個通行版的風格指南，但允許各個事業部複製後視需要加以小幅度客製，此法較適合有許多獨立事業、團隊的組織。

只要能達成目的，這些手段可以分開也可以混合運用。

挑選風格指南的調性

風格指南可以表現得很正式，也可以表現得較輕鬆，正式的可以正式到遵循 RFC 2119[1] 的標準來寫，用字遣詞都精確講究。對於調性的設定，可以用下面三個問題來決定：

- 有必須得採用標準的原因嗎？如果有那就遵守 RFC 2119，使用精確的「必須」、「應該」、「可以」來作描述。

- 如果目前沒有，未來是否還是打算採用標準用語呢？如果是，那還是要走 RFC 2119，但改用小寫關鍵字（小寫的「必須」、「應該」、「可以」），直到確定採用 RFC 2119 後再改回大寫，這種作法讓標準用語的導入更加平順，也讓讀者得以習慣這些標準用語的使用。

- 指南會是跨事業一體適用的嗎？各事業部有遵守指南的阻力存在嗎？如果有，那指南的調性應偏軟，採用鼓勵的立場，讓他們認知到風格一致化的好處，盡可能讓每個事業部依循指南行動，不要用過於正式或嚴峻的指令強而為之。

風格指南製作小技巧

- 先讀一遍 Arnaud Lauret（號稱 API 匠人）的《API Stylebook》[2]，該書提供了 API 設計方面以及建置設計指南的資訊，也可以去參考更多同類型書籍來獲取多方面的見解。

1　S. Bradner, "Key Words for Use in RFCs to Indicate Requirement Levels," March 1997, https://datatracker.ietf.org/doc/html/rfc2119.

2　API Stylebook: Collections of Resources for API Designers, maintained by Arnaud Lauret, accessed August 24, 2021, http://apistylebook.com.

- 先從小篇幅開始，一次寫出完整範圍的 API 風格指南對小團隊來說可能不太現實，他們可以先從小篇幅開始，之後再逐步擴充完善。

- 強力推廣風格指南，讓所有人都知道它的存在，請話題女王在茶水間強勢推銷，還有要在正式版發布前，請同事先看過並提供意見。

> **請記得**
>
> API 風格指南的目的是，為組織內每一個 API 設計團隊提供建立 API 一致性的行動綱領。

提供多種 API 風格

雖然我們都只想提供單一的 API 風格，但往往事與願違，總是有新的需求或新的 API 風格出現，這些新的風格、新的互動方式也因此帶來新的挑戰，回想一下，SOAP 的退流行也不過是十年前的事，現在的主流遲早也會被淘汰，我等 API 職人也應該要準備好隨時面對新流行的崛起，對新的 API 風格加以評估、採用、支援也是必然的課題。

在考慮 API 風格時，Webhook、WebSockets、SSE（Server-Sent Events）、串流等的異步 API 也是要納入考慮的一部分，不論是同步或異步，也都應該要有制度、有規劃的管理之。

當決定採用某種 API 風格時，該風格的使用綱領就應該被納入風格指南中，如果某兩種風格中有共同的元素或概念，一開始最好還是分開寫，確保文件的脈絡清晰。

隨著時間的過去，組織內還是有可能建立起跨風格的通用元素，例如命名慣例、保留字等等，但也僅限於此，API 風格彼此間的標準與實踐原則都還是有很大的差異，因此我們建議不用刻意去追求所謂的大一統，讓不同的 API 風格在風格指南中保有獨立的地位。

最後要再次提醒的是，每多一種風格，支援的成本就多一分，在設計時仔細衡量 API 的需求與目標，決定是否值得為此付出額外的成本。

進行 API 設計檢討

藉由檢討活動的推展和建設性的意見，API 的設計才得以改進，正向的 API 設計檢討流程讓我們得以獲取他人的洞見觀察，並學習到如何在組織內平行展開此活動，讓所有的 API 設計都能趨於一致，並藉此提高開發體驗。

API 設計檢討能為我們帶來下列好處：

- 讓 API 設計的每個層面的知識能為大家所共享。

- 在實作開始前讓彼此先走過設計並提出意見。

- 下游的開發者也可以受惠於檢討後的改進。

- 檢討促進了 API 間的一致性，也提供了更好的開發體驗。

- 在程式實作前就找出漏失或錯誤的部分，好過寫完再花更多時間金錢重工。

下面是一些實施正向的 API 設計檢討的提示及建言。

設計檢討的注意事項

設計檢討有兩種：建設性的、破壞性的。建設性的檢討讓我們對 API 設計給出一些正向的指導，最終成為正向循環推展到全組織，而破壞性的檢討則恰好相反，負面的批評只會帶來沮喪和不信任，甚至會破壞整個團隊的向心力，負面的風氣也會蔓延到所有其他層面，讓組織走向衰敗。

因此在設計檢討時必須小心為之，如果一開始是質疑的態度，只會令人感到這是充滿假設和偏見的批鬥大會，正確的態度是先尋求了解對方的思維，適度的發問，加上用心的傾聽，不要表現得一副高高在上的權威樣，要知道「既以為人己愈有；既以與人己愈多」的道理，對無心的錯誤或爭議不要妄加指責，而是去探究背後的原因，從根本原因下手，教導他們怎樣可以做得更好。

要記得：菜不是該死，用正向的態度檢討，以鼓勵代替責罵，用建設代替破壞。

從文件檢討開始

設計檢討並非程式碼檢討，我們應當以下游開發者的角度來審視 API 設計，因此也應當與從文件開始，如同想串接我們 API 的那些開發者一般。

API 的存在各有其目的，包括對外供應資料、實現自動化、系統對系統整合、建立平台當莊家、內部自動化等等，一個 API 的文件應該說明清楚自身存在的意義與目的，並解釋它的使用案例，使人明白該如何善用它來達成目的。

進行設計檢討時可參考下列項目對文件進行確認：

- **API 名稱：**名稱必須能正確的描述 API 的角色，讓人一看就懂。
- **API 說明：**說明必須是夠好理解的，從 API 的概述說起，再逐一列出 API 使用案例以及用途。
- **API 操作：**應該列出每項操作的摘要，包括它的用途、行為、產出等，還要提供詳細的使用說明，確保有涵蓋到所有輸出入參數，也要有一些反面的案例，說明錯誤發生的狀況及因應之道。
- **使用範例：**使用範例通常是 API 文件中最重要但又最缺乏的元素，範例不一定要有程式語言（有的話當然受眾更廣），可以用簡單的 HTTP 請求、回應來表示，還可以提供 Postman 集合文件（Postman collection），這將大大有助於加快開發人員的理解和串接工作。
- **避免涉及到內部細節：**對於文件的讀者，我們應該假設他們不懂也沒興趣知道 API 黑盒子的技術細節，他們應該只想把手中的任務搞定，最好還有個順手的 API 工具能幫他們加速完成。

確認標準與設計一致性

許多中型或大型組織面臨的都是設計一致性的問題，他們的 API 隨便一瞧就很容易發現彼此間的不一致，而這往往是來自設計檢討流程的未落實，而且實際上，即使有設計檢討流程，一旦時間久了，難免還是會有不一致的情況產生。

API 設計檢討的目的之一是要驗證實際採用的標準和設計元素是否與 API 風格指南所建議的相符合，這個工作可以交由人工完成，也可以交由 Spectral 這類的 API linter（靜態分析工具）來完成。

經過人工或程式檢查過後，還可以再看看還有沒有能進一步改善的地方，例如哪裡是不是應該套用 CRUD（create-read-update-delete，增刪查改）、哪裡的分頁設計應該符合風格指南的建議、哪裡的檔案上傳可以走 multipart MIME 等等諸如此類的設計模式建議，如果有和風格指南不同的地方，可以進一步討論是否應回歸風格指南之建議或者真有其必要性。

檢查自動化測試的涵蓋範圍

雖說 API 設計檢討的主要對象是設計本身，但測試涵蓋範圍也是其中重要的一環，可藉此確保設計文件中有納入測試策略的部分，當然也可以確保 API 的每一個操作有如預期。

如果說進行檢討的當下還沒有程式碼，那當然也就無所謂覆蓋率，此時可以改為檢討測試計畫，藉此可以找出缺失的測試案例或某些不正確的設計邏輯。這可以從回顧工作故事開始，去了解設計背後的根源、動機、需求，再接著回顧 API profile 以及其他的衍生文件，了解 API 設計的根本、特性、操作之後就能挖掘出那些被測試計畫忽略的部分，藉此確保每項 API 操作都是有被納入測試範圍的，以及確保這些操作都是與預期相符的、符合驗收標準的。

加入可試用特性

最好的檢討方式就是親自去使用它，如果程式已經有了，那就去用用看吧，試用同時也別忘了看看文件、設計是否有為試用提供價值，以及他們之間的描述與行為是否一致。

如果還沒有程式，還是可以用擬真工具（mocking tool）試著找出問題，它可以在真的程式完成之前就讓我們得以找出設計上的缺失，這類工具通常都接受 OpenAPI 或 API Blueprint 這類 API 描述文件，餵給它就會產生擬真 API，雖然與真正的 API 還是有差，但它的價值在於讓我們能在施工前就能感受基本的 API 行為，並藉此找出設計上的問題。

發展重用文化

API 存在的意義是被使用、為用戶提供價值，然而許多人卻本末倒置的只注重在策略、目標、治理等較次要的層面上，忽略了該如何讓 API 更能為人所用的問題。

對大部分人來說，文件就像暑假作業，一定要拖到最後才寫，這種心態是很不好的，只有程式沒有文件意味著提高潛在用戶的使用障礙，他們無法得知有這麼棒的 API 存在，也根本難以使用，文件的缺乏減損了 API 的價值與重用性，另一方面，對我們來說，提昇存在感與能見度的原則是：先列舉自身的數位能力，再根據需求的大小實作，以較能解決多數用戶需求的為優先，讓 API 盡可能為人所用，進而提昇重用性。

對下游開發者來說，面對一個陌生的 API，API 文件是第一個與之交手的對象，唯有優秀的文件才能讓他們更好的了解 API 的各方面資訊，包括 API 的用途、特性、入門指導等等，這些都是我們在第十三章「撰寫 API 設計文件」曾經提過的。

一旦開發者接觸到我們的解決方案，面臨的是令他感興趣卻又陌生的 API，從接觸到評估到串接，一段開發者歷程就如圖 16.1 所示。

用戶階段	目標
登陸	在 API 網站註冊，獲得 API 存取權限
探訪	了解 API 的功能
對映	將手中需要的功能與 API 文件相互對照，找出有用的
勘查	原型試作（試用）
整合	展開實際串接工作
認證	取得 API 正式環境權限
使用監測	生產環境運行監測、API 流量管制，避免超量使用
平台改善	對 API 平台發出改善請求，使其進一步滿足自身的需求
平台更新	接收 API 平台更新通知，例如新端點、新特性、新範例等等

圖 **16.1**　用戶使用 API 的歷程，他們必須經歷的這些階段形成一個開發體驗的生命週期。

為了讓他們能儘快的對 API 上手，清晰明確的登陸流程是必要的，從登陸開始引導他們無縫的從探訪過渡到串接，直到串接完成，但這並非關係的結束，對於既有用戶，我們應該和他們保持聯繫，鼓勵他們訂閱電子報，隨時透過電子報取得 API 新資訊，包括哪裡又變得更好更棒了、哪個用戶又藉 API 獲得哪些成就了、哪些使用上的小提示等等，也可以有一個專欄來表揚哪些同仁又在哪些方面做出哪些貢獻了等等，讓他們感受到我們總是在為了他們的期待而努力著。

從起點展望未來

本書的主題是 Web API 設計原則，以一系列的原則為基礎，為讀者帶來可重複運用，也可促進合作的 API 設計流程，讓讀者建立起目標導向的 API 設計觀念，並藉此讓 API 為用戶帶來富有意義的價值。回顧本書的主要原則如下：

- **原則一**：設計 API 千萬不要孤軍奮戰，要成就霸業必然得靠眾志成城。（見第 2 章）

- **原則二**：API 設計是目標導向的，聚焦在目標並確保 API 對他人是有價值的。（見第 3 至 6 章）

- **原則三**：根據需求決定 API 設計，完美的 API 風格是不存在的，應該根據需求來決定適合的 API 風格，不論是 REST、GraphQL、gRPC，或任何一種新風格、新玩具，都應該先了解需求與風格的特性，再選用最適合的方案。（見第 7 至 12 章）

- **原則四**：API 最重要的 UI 叫作文件，它應該被擺在第一順位，而不是拖到開學前一天才開始寫。（見第 13 章）

- **原則五**：API 是永存的，設計時仔細規劃，而後加以迭代改進，才能讓 API 既穩定又保有彈性。（見第 14 章）

這些原則是本書之 ADDR（Align-Define-Design-Refine，對齊 - 定義 - 設計 - 優化）流程的基石，而 ADDR 的四大步驟的涵義分別是：建立共識、定義數位能力、設計 API、持續優化，此流程也是貫穿本書的主要脈絡。

ADDR 流程讓我們知道，API 設計不只是一個人的遊戲，必須仰賴群策群力，除了內部成員外，也包括 SME（領域專家），讓 API 以目標導向為基礎為用戶傳遞出價值，流程中我們用事件風暴和 API 建模讓成員對 API 設計建立共同的理解，在後面的階段，則透過持續的反饋來優化 API 的設計。

走過這一切，或許有些人認為已算功能圓滿，但這其實只是開始，在 API 交付並投入生產環境之後，可能又會發現一些從未注意到的真實需求，ADDR 流程又因此而再度展開，如此持續迭代讓 API 逐步發展與成熟，另一方面，對大型組織來說，他們的 API 是橫向擴展的，一支又一支的 API 隨著 ADDR 的進行不斷誕生，他們的課題是讓 ADDR 在不同的團隊間順利運行並擴展到整個組織，面對這些未來可預見的挑戰，說明了本書的尾聲僅象徵著旅程的開始，祝各位旅途愉快。

附錄

HTTP 入門

想要更了解 Web API 的工作原理，那就要先搞懂 HTTP，雖然大部分的套件或框架都已經把底層的 HTTP 細節封裝得美美的，但了解 HTTP 能讓我們更好的去排查串接的問題，豐富底層的知識也有助於設計出更好的 API。

本附錄用於介紹 HTTP 的基礎知識，包括那些與 Web API 互動有關的部分，以及一些有助於塑造更強大的 API 互動的進階特性。

HTTP 概述

HTTP 是主從式的通訊協議，客戶端發送請求到服務端，服務端根據請求給出回應及回應碼，回應碼用於表示互動的成功或失敗，而具體的回應酬載（payload）包含回應的主要內容或錯誤資訊，參考圖 A.1 為一則典型的互動示意圖。

HTTP 由下列元素構成：

- 接受請求的 URL
- HTTP 方法，讓服務端知道一個請求互動的方式
- 請求標題和請求內容主體（request body）
- 回應標題和回應內容主體（response body）
- 回應碼，用於表示請求的成功或失敗

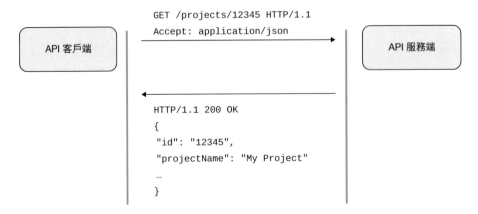

圖 A.1 HTTP 互動概覽

URL

URL（Uniform Resource Locator，統一資源定位符）用於表示資料或服務的位址，客戶端的請求發送到 URL，服務端處理後作出回應，URL 一般是在瀏覽器的位址欄輸入，它的範例如下：

- https://www.google.com
- https://launchany.com/effective-api-programs/
- https://deckofcardsapi.com/api/deck/new/shuffle

URL 由以下幾個部分構成：

- **協議：**用於連線的底層通訊協議（如未加密的 http 或加密的 https）。
- **主機名：**欲連線之服務器名（如 api.example.com）。
- **埠號：**一個從 0 到 65535 間的號碼，用於表示欲送往之該主機的特定服務，請求由負責該埠號的服務處理之（例如 https 服務監聽埠 443、http 服務監聽 80）。
- **路徑：**表示請求欲互動之資源（例如 /projects），如為 /，表示請求首頁。
- **查詢字串：**要傳給服務端的資料，查詢字串以一個問號開頭，後面接一系列的 name=value 對，每對之間以「&」符號隔開（例如 ?page=1&per_page=10）。

圖 A.2 展示了 URL 及其組成的各部分。

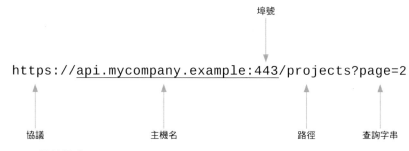

圖 **A.2** URL 與其組成

HTTP 請求

一則 HTTP 請求包含下列幾個部分：HTTP 方法、路徑、標頭、訊息主體。

其中的 HTTP 方法，指的是客戶端對服務端發起的互動方式，最常見的是用來要資料的 `GET` 以及用來傳資料的 `POST`，後面我們會看到更多與 Web API 相關的 HTTP 方法介紹。

路徑是 URL 中用於表示一個資源的參照，例如用於表示一個檔案或圖片資源，或是表示一段邏輯，與該路徑互動相當於與該程式邏輯互動。

而標頭是容納一些額外資訊的地方，包括客戶端的資訊或是請求的額外資訊，標頭由 `name:value` 對構成，在 Web API 常見的 HTTP 標頭有：

- **Accept**：告知服務端，客戶端可接受的內容類型，例如 `image/gif` 和 `image/jpeg`，如果是 `*/*` 表示客戶端可接受任何類型的回應，這種用法通常與內容協商機制有關，詳見後敘。

- **Content-Type**：告知服務端該請求訊息主體內容類型，配合可傳資料的 HTTP 方法使用（如 `POST`）。

- **User-Agent**：一個用於表明客戶端身份的字串，包括瀏覽器類型、版本等資訊，也可以是某個輔助套件、CLI 工具的識別等資訊。

- **Accept-Encoding**：聲明客戶端能接受的壓縮編碼格式，當雙方都支援共同的壓縮格式時，將回應藉由 gzip 或其他格式壓縮，可減少回應體積。

訊息主體是給服務端的詳細資料，它可以是人讀的或二進位的，具體取決於服務端的規定，對於 GET 方法，它只負責從服務端取得資料，不負責傳送資料，因此它的請求中不會有訊息主體。

圖 A.3 展示了一個發送到 Google 的請求範例。

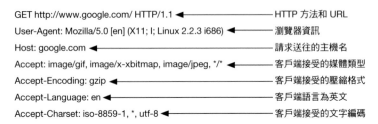

GET http://www.google.com/ HTTP/1.1 ◀─────────── HTTP 方法和 URL
User-Agent: Mozilla/5.0 [en] (X11; I; Linux 2.2.3 i686) ◀─── 瀏覽器資訊
Host: google.com ◀─────────────────────── 請求送往的主機名
Accept: image/gif, image/x-xbitmap, image/jpeg, */* ◀──── 客戶端接受的媒體類型
Accept-Encoding: gzip ◀──────────────────── 客戶端接受的壓縮格式
Accept-Language: en ◀──────────────────── 客戶端語言為英文
Accept-Charset: iso-8859-1, *, utf-8 ◀──────── 客戶端接受的文字編碼

圖 A.3 發送到 Google 的請求範例

HTTP 回應

服務端收到請求，處理之後送出的資料即為回應，回應包含下面幾個部分：回應碼、回應標頭、回應內容主體。

回應碼乃一組三碼數字，用於表示請求的成功或失敗或者更詳細的狀態，每則回應都會附帶一個回應碼，回應碼由 HTTP 規格書所定義，具體的清單和意義請見後續介紹。

回應標頭則用於容納回應的其他資訊，亦由 `name:vlaue` 對構成，在 Web API 常見的 HTTP 回應標頭有：

- **Date**：回應當下之日期。

- **Content-Location**：回應的完整的、正式的 URL，用於有轉址的情況，當請求來自某個轉址時，透過回應給出正確的資源 URL 給客戶端，讓客戶端可更新或作其他處理。

- **Content-Length**：回應訊息主體長度，以位元組（byte）為單位表示。

- **Content-Type**：回應訊息主體的內容類型。

- **Server**：提供服務端的服務名稱和版本資訊的字串（例如 `nginx/1.2.3`），服務端可根據安全的顧慮提供詳盡或簡略的資訊。

回應訊息主體是給客戶端的主要內容，它可以是 HTML 網頁、圖片、XML 或 JSON 之類的資料，具體的類型在回應標頭的 Content-Type 聲明內。

圖 A.4 展示了 Google 給出回應的範例。

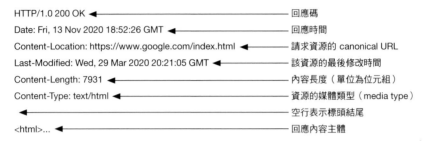

HTTP/1.0 200 OK ←——————————————— 回應碼
Date: Fri, 13 Nov 2020 18:52:26 GMT ←————— 回應時間
Content-Location: https://www.google.com/index.html ←—— 請求資源的 canonical URL
Last-Modified: Wed, 29 Mar 2020 20:21:05 GMT ←— 該資源的最後修改時間
Content-Length: 7931 ←——————————————— 內容長度（單位為位元組）
Content-Type: text/html ←——————————— 資源的媒體類型（media type）
←——————————————————————— 空行表示標頭結尾
<html>... ←————————————————————— 回應內容主體

圖 A.4　Google 的回應範例

在圖 4.4 的範例中，展示的是一則 HTML 回應，不包括那些圖檔、CSS、JavaScript 腳本，這些額外的資源由瀏覽器解析完 HTML 後，再自行發送另外的 HTTP 請求給服務端取得，以一個放了 20 張圖片的 HTML 為例，瀏覽器會發出 21 次請求，第一次是 HTML 本身，後面的 20 次則是請求那些圖檔。

主要的 HTTP 方法

HTTP 方法讓服務端知道客戶端欲與其互動的方式，常用的互動包括取得資源、建立資源、執行運算、刪除資源等。

下面是 Web API 常用的 HTTP 方法：

- **GET**：向服務端取得資源，回應可以是來自服務端的快取或是獨立的快取服務。

- **HEAD**：只請求回應標頭，不請求回應主體。

- **POST**：傳送資料給服務端，通常用於送給服務端儲存，或送給服務端加以運算，其回應是不可快取的。

- **PUT**：傳送資料給服務端，通常用於完全取代某筆資料，其回應也是不可快取的。

- **PATCH**：傳送資料給服務端，通常用於更新某個既有資料的一部分屬性，其回應也是不可快取的。

- **DELETE**：刪除某筆資源，其回應也是不可快取的。

每種 HTTP 方法還自有其安全性和冪等性，讓客戶端可做進一步處理。

所謂的安全性指的是這個 HTTP 方法有沒有副作用，一個安全的方法表示使用它不會導致資料被異動，像是 GET 和 HEAD，他們都用於取得資料，這兩個方法就是安全的，不會因為取得資料而使其異動，如果 API 端的邏輯沒有設計正確，在處理安全的請求時卻讓資料異動，那將會產生各種靈異現象，特別是有其他中介層（例如快取服務）存在的時候，因為這與它們預期的設計不符。

而冪等性指的是重複同樣的請求只會產生同樣的結果，對 GET 和 HEAD 來說，它們必然是冪等性的，因為它們根本不會異動到資料，除它們之外，根據 HTTP 規範，PUT 和 DELETE 也應該是冪等性的，PUT 用於完全取代某筆資源，以同樣的新資料去取代某筆舊資料，不論取代幾次，結果應該都要是一樣的，而 DELETE 顧名思義就是刪除資源，理所當然的，重複刪除某筆資源也都應該是已刪除的狀態，不可能突然死而復生。

與之相對的，POST 就不是冪等性的了，它有可能用來一直建新資料，每建一次就多一筆，也可能用來改資料，每改一次就變一點（例如增加某個欄位的數值），與之相仿的 PATCH 也不是冪等性的，它用於修改某筆資源的屬性，並非全然取代，因此也無法保證是冪等性的。

圖 A.5 整理了 Web API 常用到的 HTTP 方法及其安全性、冪等性的資訊。

方法	安全性	冪等性
GET	Yes	Yes
POST	No	No
PUT	No	Yes
PATCH	No	No
DELETE	No	Yes
HEAD	Yes	Yes
OPTIONS	Yes	Yes

圖 **A.5**　API 常用的 HTTP 方法，以及安全性、冪等性一覽。

HTTP 回應碼

回應碼用於告知各戶端請求的成功與否，HTTP 規範提供了一系列預先定義的回應碼，各有其意義所在。

HTTP 回應狀態碼主要有四大家族：

- **200 系列**：表示請求處理成功。

- **300 系列**：表示客戶端需要採取進一步行動來完成請求，例如跟隨一個轉址。

- **400 系列**：表示請求失敗，客戶端需要進一步修正再重試。

- **500 系列**：表示請求失敗，但是是服務端的問題，客戶端可以在短暫等待後重試。

表 A.1 為 REST API 常用的 HTTP 回應碼列表。

表 A.1　API 常用到的 HTTP 回應碼

HTTP 回應碼	說明
200 OK	請求成功。
201 Created	請求建立一筆新資源成功。
202 Accepted	請求被接受並處理之，但結果尚未出爐。
204 No Content	請求成功，但無須返回內容，最常出現在刪除操作。
304 Not Modified	客戶端請求標頭中帶有 If-Modified-Since 或 If-None-Match，而服務端找到該資源自前一次請求至今沒有任何異動，則可以以本代碼回應之。
400 Bad Request	由於客戶端的語法錯誤，服務端無法理解請求。
401 Unauthorized	請求須事先獲得用戶授權。
403 Forbidden	服務端理解請求，但拒絕受理。
404 Not Found	服務端找不到請求的 URI/URL。
412 Precondition Failed	客戶端請求標頭內用於識別時效的 ETag 已失效，客戶端應該重新抓取最新資源再視情況決定是否要再次請求。
415 Unsupported Media Type	客戶端在請求標頭 Accept 列出的格式沒有一個服務端有支援。

HTTP 回應碼	說明
428 Precondition Required	服務端要求客戶端必須先跑預請求流程，才能發出真正的請求，一般是用在並行控制。
500 Internal Server Error	服務端發生例外狀況，難以處理請求。

內容協商

內容協商讓客戶端可以在請求聲明可接受的回應格式，也可以聲明多種格式，在該機制之下，一個 API 操作可以支援多種回應格式，例如 CSV、PDF、PNG、JPG、SVG 等等。

一般來說，客戶端會在標頭用 Accept 聲明自己可接受的回應類型，例如下面這個向 API 請求 JSON 回應的例子：

```
GET https://api.example.com/projects HTTP/1.1
Accept: application/json
```

如可接受兩種以上的回應類型，也還是在標頭聲明，如下所示：

```
GET https://api.example.com/projects HTTP/1.1
Accept: application/json,application/xml
```

除了明確標示，也可以用星號表示任意類型，例如 text/* 表示接受任何文字類型的格式，而若是 */* 則表示接受任意類型的回應，在網頁上如果這樣用，當瀏覽器本身無法處理收到的檔案，就會彈出下載視窗，由用戶決定要下載或是開啟。但若是在 API 的應用場景，就不可能丟給終端用戶處理，客戶端必須明確聲明出自身能接受的格式，並且做好錯誤處理，當 API 發出預期外的格式時才可有所應對。

在 Accept 標頭中除了聲明媒體類型外，還可以聲明品質因子（quality factor），它是介於 0 到 1 間的數字，用於表示客戶端對媒體類型的偏好，服務端根據客戶端的聲明，盡可能的回覆對方偏好的格式，如果服務端不支援任何客戶端接受的格式，那可以用回應碼 415 Unsupported Media Type 回應。

下面這個例子中，客戶端偏好 XML，其次是 JSON，請求標頭如下：

```
GET https://api.example.com/projects HTTP/1.1
Accept: application/json;q=0.5,application/xml;q=1.0
```

客戶端用 q 值表示對該格式的偏好，以上面的例子來說，客戶端比較想要收到 XML，可能因為 XML 更為嚴謹，結構化更明確，較好轉換成其他格式，但如果服務端不支援 XML 的話客戶端也接受 JSON。

因為客戶端可以指定多種格式，因此他們在收到回覆時也必須注意回來的究竟是哪種格式，並選用正確的解析器處理之，對於回應類型的判斷可以看標頭的 Content-Type。延續前面的例子，服務端收到請求後，回應了一則 XML 訊息：

```
HTTP/1.1 200 OK
Date: Tue, 16 June 2015 06:57:43 GMT
Content-Type: application/xml

<project>...</project>
```

如此，藉由內容協商機制，API 可以根據客戶端的偏好供應不同的格式，例如 JSON 或 XML。

與內容協商類似的是語系協商，API 也可以根據客戶端的語系聲明給出該語系的回應，它的使用方式也相當類似，客戶端在標頭以 Accept-Language 聲明其所期望的語系，而服務端也可在標頭以 Content-Language 聲明回應的語系。

快取控制

天下武功，唯快不破，對網路而言，自在極意的快就是不要網路，有了快取，不用網路也能拿到回應。在服務端，有像 Memcached 這類的工具幫我們把資料快取在記憶體，減少低效率的資料庫存取，提昇服務效率。

而在客戶端，HTTP 快取控制機制也能使其實現快取的控制，一旦客戶端能自行快取，也就讓網路需求真正進入零的境界，也讓用戶好感度大幅提昇。

HTTP 規範制定了可表示快取能力的回應標頭 Cache-Control，可在其內聲明該回應能否快取，以及適當的快取時間為何。

下面是一則回應的範例，其提供了專案清單：

```
HTTP/1.1 200 OK
Date: Tue, 22 December 2020 06:57:43 GMT
Content-Type: application/xml
Cache-Control: max-age=240

<project>...</project>
```

在上面的例子中可以看到，快取保留時間為 240 秒（4 分鐘），客戶端在時間過後應該認定此資源是不新鮮的，並進一步處理之。

在服務端方面，它也可以明確標示某些回應是不應該被快取的，客戶端應該每次都發出請求來取得該資源：

```
HTTP/1.1 200 OK
Date: Tue, 22 December 2020 06:57:43 GMT
Content-Type: application/xml
Cache-Control: no-cache

<project>...</project>
```

只要快取規劃得當，是有可能減少網路傳輸量的，也相對加快了應用效率，同時快取標頭也是下面條件請求的要素之一。

條件請求

條件請求為 HTTP 較不為人知但威力強大的特性之一，它讓客戶端可以確認服務端那邊資源的異動情況，如果有變動，會收到回應碼 200 OK，如果沒變動，則會收到回應碼 304 Not Modified。

有兩種方式可以讓客戶端告知服務端自身快取的情況：時間標示和 ETag（entity tag）標示。

先說時間標示，客戶端第一次收到某筆資源時，回應標頭會帶有 Last-Modified 欄位及時間戳，爾後當客戶端要再次對該資源發出請求時，它應該先詢問服務端是否中途已有別的異動，它在標頭內放 If-Modified-Since 及原時間戳發出詢問，服務端即可就該時間與現況作比對，查看該資源中途有無異動並回應之。

在下面的範例中，客戶端取得的回應都附有時間戳，爾後客戶端發出請求時，即可附上該時間戳讓服務端判斷是否中間有所修改，並對客戶端作出答覆：

```
GET /projects/12345 HTTP/1.1
Accept: application/json;q=0.5,application/xml;q=1.0

HTTP/1.1 200 OK
Date: Tue, 22 December 2020 06:57:43 GMT
Content-Type: application/xml
Cache-Control: max-age=240
Location: /projects/12345
Last-Modified: Tue, 22 December 2020 05:29:03 GMT

<project>...</project>

GET /projects/12345 HTTP/1.1
Accept: application/json;q=0.5,application/xml;q=1.0
If-Modified-Since: Tue, 22 December 2020 05:29:03 GMT

HTTP/1.1 304 Not Modified
Date: Tue, 22 December 2020 07:03:43 GMT

GET /projects/12345 HTTP/1.1
Accept: application/json;q=0.5,application/xml;q=1.0
If-Modified-Since: Tue, 22 December 2020 07:33:03 GMT

Date: Tue, 22 December 2020 07:33:04 GMT
Content-Type: application/xml
Cache-Control: max-age=240
Location: /projects/12345
Last-Modified: Tue, 22 December 2020 07:12:01 GMT

<project>...</project>
```

而 ETag（entity tag），顧名思義，它是打在回應標頭內的標籤，用於表示該筆回應中資源的狀態，但 ETag 的值是客戶端無法判讀的亂碼，客戶端在打出 GET、POST、PUT 之類的請求後，將回應的 ETag 記起來，之後可以用於 HEAD 或 GET 對服務端發出比對狀態的請求。

前面提過，ETag 字串對客戶端是無法解讀的，在服務端方面，ETag 可以是一筆資源的雜湊值（hashed value），或者也可以是雜湊後的頭幾碼，只要不重複且能作為狀態比對之用即可。

下面是 ETag 的互動範例，與之前的例子相仿，但改用 ETag 取代時間戳：

```
GET /projects/12345 HTTP/1.1
Accept: application/json;q=0.5,application/xml;q=1.0


HTTP/1.1 200 OK
Date: Tue, 22 December 2020 06:57:43 GMT
Content-Type: application/xml
Cache-Control: max-age=240
Location: /projects/12345
ETag: "17f0fff99ed5aae4edffdd6496d7131f"

<project>...</project>

GET /projects/12345 HTTP/1.1
Accept: application/json;q=0.5,application/xml;q=1.0
If-None-Match: "17f0fff99ed5aae4edffdd6496d7131f"

HTTP/1.1 304 Not Modified
Date: Tue, 22 December 2020 07:03:43 GMT


GET /projects/12345 HTTP/1.1
Accept: application/json;q=0.5,application/xml;q=1.0
If-None-Match: "17f0fff99ed5aae4edffdd6496d7131f"

HTTP/1.1 200 OK
Date: Tue, 22 December 2020 07:33:04 GMT
Content-Type: application/xml
Cache-Control: max-age=240
Location: /projects/12345
ETag: "b252d66ab3ec050b5fd2c3a6263ffaf51db10fcb"

<project>...</project>
```

藉由條件請求機制，客戶端不再需要不斷校驗手中的資源是否已經和服務端不同，也不用一直去更新快取，只要在該資源下一次的請求發出前確認即可。ETag 對客戶端而言是無法識別的字串，時間戳相對較友善，客戶端還可以自行加以運用時間戳的資訊，不論是 ETag 或時間戳，他們也都在下面的並行控制中扮演了重要的角色。

HTTP 的並行控制

對 API 來說，要如何處理不同用戶在相近的時間內對同一資源發出的請求是個難題，也就是所謂的並行控制，有些人會在 API 實現自己的資源鎖，讓資源在被處理時鎖定，解鎖後才開放給下一個請求，但其實 HTTP 已經有設計了並行控制機制，可以不用自己重新發明輪子。

受惠於上一節的條件請求機制，在 PUT、PATCH、DELETE 這類請求中置入 ETag 或時間戳，確保了客戶端之間不會落入競爭條件（race condition），互相覆蓋掉彼此的操作。

如欲使用條件請求機制，客戶端要在請求附上之前收到的 ETag 或時間戳，服務端就請求的 ETag 或時間戳和資源的現況作比對，如果比對失敗，表示該資源在這段期間內已經被修改過，此時應回覆 412 Precondition Failed 予客戶端。服務端也可以強制客戶端必須施作條件請求，對沒有附上 ETag 或時間戳的刪改請求以 428 Precondition Required 給予回應。

下面的範例中，有兩個 API 客戶端企圖修改同一個專案，他們各自用 GET 先取得該專案，然後都送出另一個修改請求，然而只有第一個客戶端成功的修改了這個專案：

```
GET /projects/12345 HTTP/1.1
Accept: application/json;q=0.5,application/xml;q=1.0

HTTP/1.1 200 OK
Date: Tue, 22 December 2020 07:33:04 GMT
Content-Type: application/xml
Cache-Control: max-age=240
Location: /projects/12345
ETag: "b252d66ab3ec050b5fd2c3a6263ffaf51db10fcb"

<project>...</project>


PUT /projects/1234
If-Match: "b252d66ab3ec050b5fd2c3a6263ffaf51db10fcb"

{ "name":"Project 1234", "Description":"My project" }


HTTP/1.1 200 OK
```

```
Date: Tue, 22 December 2020 08:21:20 GMT
Content-Type: application/xml
Cache-Control: max-age=240
Location: /projects/12345
ETag: "1d7209c9d54e1a9c4cf730be411eff1424ff2fb6"

<project>...</project>

PUT /projects/1234
If-Match: "b252d66ab3ec050b5fd2c3a6263ffaf51db10fcb"

{ "name":"Project 5678", "Description":"No, it is my project" }

HTTP/1.1 412 Precondition Failed
Date: Tue, 22 December 2020 08:21:24 GMT
```

在上面的範例中,第二個客戶端試圖去修改一個專案,但它的 ETag 已經失效,為此它必須再次請求該專案,獲得該專案最新的狀態以及 ETag,讓用戶根據當下的狀況決定是否要再次送出修改。

藉由服務端給出的 ETag 或時間戳,客戶端在之後的刪改請求隨標頭附上,如果服務端的資源在這期間沒有異動,則可視該 ETag 或時間戳依然有效,接受請求,反之如果資源在這期間有經過修改,則視為無效,用回應碼 412 Precondition Failed 回覆之,這樣的設計讓並行的多個客戶端彼此不會互相覆寫到同一個資源,這個 HTTP 原生的並行控制機制威力強大,我們也因此不需要絞盡腦汁重新發明輪子。

總結

HTTP 協議功能豐富又威力強大,儘管某些特性是較不為人所知的。內容協商機制讓主客兩端能獲得對媒體類型的共識,而快取控制則讓客戶端得以實現對資料的快取,HTTP 預請求則讓客戶端可以得知目前手上快取的有效性,藉由這些底層 HTTP 的特性,也豐富了 API 的功能,使其兼具彈性及可進化性,進而成為驅動終端應用的核心引擎。

索引

※ 提醒您：由於翻譯書排版的關係，部分索引名詞的對應頁碼會和實際頁碼有一頁之差。

Web API 設計原則｜API 與微服務傳遞價值之道

作　　者：James Higginbotham

譯　　者：洪國梁

企劃編輯：蔡彤孟

文字編輯：江雅鈴

設計裝幀：張寶莉

發 行 人：廖文良

發 行 所：碁峰資訊股份有限公司

地　　址：台北市南港區三重路 66 號 7 樓之 6

電　　話：(02)2788-2408

傳　　真：(02)8192-4433

網　　站：www.gotop.com.tw

書　　號：ACL065500

版　　次：2022 年 08 月初版

　　　　　2024 年 08 月初版五刷

建議售價：NT$520

國家圖書館出版品預行編目資料

Web API 設計原則：API 與微服務傳遞價值之道 / James Higginbotham 原著；洪國梁譯. -- 初版. -- 臺北市：碁峰資訊, 2022.08

　　面；　公分

譯自：Principles of Web API Design

ISBN 978-626-324-259-3(平裝)

1.CST：網頁設計　2.CST：電腦程式設計

312.1695　　　　　　　　　　　　　111011394